国家自然科学基金项目（41571141）；山西省高等学校人文社会科学重点研究基地项目（2017332）；山西省软科学研究项目（2018041065-1）；山西省哲学社会科学规划项目（2018B072）资助

五台山森林植被对旅游干扰的生态响应

牛莉芹 著

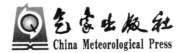

气象出版社
China Meteorological Press

内 容 简 介

当前,全球环境问题引起了世界的广泛关注,特别是一些景区旅游活动的日益兴起,对景区植被造成了较大的影响和破坏,导致景区管理者陷于开发与保护的矛盾之中。

本书以五台山作为实证研究地,采用数量生态学分析方法,并结合现代遥感和 GIS 技术,从宏观和中观不同视角探讨景区森林植被对于旅游干扰的生态响应。从宏观层面上,深入探讨了旅游干扰对于景区整体景观特征的影响;从中观层面上,通过对照旅游干扰区和非干扰区森林植被生态特征的差异,剖析两种不同生境下植被差异的特点和规律性。

本书数据来源于野外样地设置及生态学调查,其研究结论可为景区的管理和调控提供参考,也适合生态、资源和环境等相关领域的研究人员参阅。

图书在版编目(CIP)数据

五台山森林植被对旅游干扰的生态响应 / 牛莉芹著
. — 北京 :气象出版社,2019.7
ISBN 978-7-5029-7000-0

Ⅰ.①五… Ⅱ.①牛… Ⅲ.①五台山-旅游区-森林植被-森林生态系统-研究 Ⅳ.①S718.55

中国版本图书馆 CIP 数据核字(2019)第 146970 号

五台山森林植被对旅游干扰的生态响应
Wutaishan Senlin Zhibei Dui Lüyou Ganrao de Shengtai Xiangying

出版发行:气象出版社			
地 址: 北京市海淀区中关村南大街 46 号		**邮政编码**:100081	
电 话: 010-68407112(总编室) 010-68408042(发行部)			
网 址: http://www.qxcbs.com		**E-mail**: qxcbs@cma.gov.cn	
责任编辑: 陈 红		**终 审**: 吴晓鹏	
责任校对: 王丽梅		**责任技编**: 赵相宁	
封面设计: 博雅思企划			
印 刷: 北京中石油彩色印刷有限责任公司			
开 本: 787 mm×1092 mm 1/16		**印 张**: 7.75	
字 数: 195 千字			
版 次: 2019 年 7 月第 1 版		**印 次**: 2019 年 7 月第 1 次印刷	
定 价: 35.00 元			

前　言

　　当前,伴随人类活动的日益频繁以及全球气候变化的加剧,全球环境问题凸显,尤其是其导致的生物多样性丧失的问题,引起了国际社会的广泛关注。因此,面对生物多样性保护的严峻形势,国际社会也采取了诸多行动,其中最重要的就是在1992年巴西里约热内卢召开的联合国环境与发展大会上,由150多个国家签署了《生物多样性公约》。生物多样性(Biodiversity)是地球上所有生命形式的总和,通常包括遗传多样性、物种多样性以及生态系统多样性。生物多样性与人们的生活密切相关,也是人类赖以生存的基础。然而,近年来,旅游业的蓬勃发展对生态环境产生了诸多负面效应,尤其是旅游干扰活动对植被及其多样性的影响更是学者们关注的热点之一。国内学者针对旅游干扰对植被影响展开的研究颇多,涉及的内容也非常广泛,但总体来看,大部分均是针对濒危物种、海洋以及湿地的研究,针对温带森林生态系统的研究则比较少见。五台山景区是著名的世界文化景观遗产,也是我国著名的旅游景区,又属于典型的温带森林生态系统,因此,旅游干扰作用下其植被生态特征的差异和变化非常值得深入研究和探讨。目前,针对五台山开展的有关旅游干扰对植被影响的相关研究,大部分均是本课题组的成果,本书即是在这些研究成果基础之上撰写而成。

　　五台山是国家森林公园,2009年入选世界文化景观遗产,是国家5A级旅游景区,每年吸引着大量海内外游客前来观光旅游,然而,发展和保护也一直是旅游景区所面临的难题。在旅游活动干扰下,植被所表现出的生态特性是景区生态环境质量优劣的重要指征,也具有一定的预警功能,本书旨在通过识别植被对旅游干扰的这些反馈,进一步探讨旅游干扰与植被保护的关系,以期为旅游景区环境管理者的决策提供参考,从而实现对景区干扰与保护的科学调控。

　　鉴于以上原因,本书主要采用双向指示种分析(Two-Way Indicator Species Analysis, TWINSPAN)和除趋势对应分析(Detrended Correspondence Analysis,DCA)等数量生态学分析方法,并结合现代遥感和GIS技术,从宏观和中观两个不同的视角探讨旅游干扰对五台山景区植被的影响。首先,从宏观上,研究旅游干扰对五台山景区整体景观特征的影响;其次,从中观层面上,以旅游干扰区和非干扰区为研究区域,比较旅游干扰和非干扰情境下植被的生态响应。

　　总体来看,本书主要研究结果如下。

　　从整体景观格局来看:(1)景观要素的基本特征反映出五台山与人为干扰密切相关的建设用地和居民用地,在斑块总数、斑块总周长及其所占的比例、斑块总面积及其所占的比例上,其增加幅度都较大。而草地、灌木林地和疏林地等自然景观的斑块则有所减小,其中,草地面积减少得最多;从宏观上看,2005 年五台山风景名胜区疏林地的斑块数最多,草地的斑块总周长和总面积均最大,形成以草地、林地、疏林地和灌木林地为主的自然景观占优势,表明近期旅游开发的干扰作用相对有限,具有局部性,仅仅发生在人类活动集中的区域。(2)从景观要素的丰富度指数、均匀度指数、多样性指数和优势度指数上看,这些指数变化都较小,说明 25 年来旅游活动对五台山景区景观有一定的影响,但影响程度不大。

从旅游干扰区和非干扰区的主要研究结果来看:(1)旅游干扰区域和非干扰区域的森林植被表现出非常显著的生态差异性,旅游干扰区域植被具有更多的人为性和简单性的外在表现,旅游非干扰区域的植被则具有更多的原生性和复杂性的外在表现。(2)在非干扰区,导致群落分异的原因是自然地理因子;在旅游干扰区,旅游干扰作用以及自然地理因子共同制约着森林群落的生态分异,然而,旅游干扰作用的影响更强烈。(3)过度的旅游活动干扰会导致森林群落生境质量出现一定程度的下降,然而,适度的人为干扰却导致植物种丰富度增加。(4)群落物种数量越多,其丰富度则较大;群落结构越复杂,层次越分明,其多样性指数越大,例如,群落Ⅵ、Ⅶ和Ⅹ的三种多样性指数都大于结构简单的群落Ⅰ和Ⅱ;干扰区群落多样性主要受旅游干扰的影响,非干扰区群落多样性主要受海拔等自然条件的影响。(5)在旅游干扰区,随着旅游影响的增大,除 Simpson 指数外,其他丰富度、均匀度和多样性指数都呈现出下降的趋势。可见,人为干扰影响群落的物种组成和结构,使群落结构简单化,物种数下降,均匀度降低,不利于群落的发展演替;在非干扰区,随着海拔高度的增加,除 Simpson 指数和 Alatalo 指数外,其他指数都呈现出下降的趋势。这种多样性的变化趋势与这些群落随着海拔升高而向顶极阶段演替的趋势相一致。

综上可知,五台山旅游活动未对整体景观造成较大影响,但是从局部来看,尤其是旅游干扰区,旅游活动导致了生态环境质量的下降,并且过度的旅游活动导致了物种多样性的降低。另外,研究结果也表明,不同研究区域适度的旅游干扰也会导致物种丰富度的增加。

本书是在作者近年来探讨旅游干扰对物种多样性影响的主要研究成果基础之上撰写而成,倾注了作者的诸多心血,书稿也进行了若干次的修改,其中,第 3 章主要内容发表于《西北林学院学报》(2012 年第 5 期);第 4 章主要内容发表于《Environmental Monitoring and Assessment》(2019 年第 2 期);第 5 章主要内容发表于《应用与环境生物学报》(2019 年第 2 期);第 6 章主要内容发表于《水土保持研究》(2012 年第 4 期)。

在此,感谢国家自然科学基金项目"旅游干扰下温带典型森林植被的旅游承载力研究"(41571141)、山西省高等学校人文社会科学重点研究基地项目"全球气候变化背景下山西省旅游业低碳转型发展研究"(2017332)、山西省软科学研究项目"山西省旅游产业发展效率研究——基于景区发展的视角"(2018041065-1)和山西省哲学社会科学规划项目"提升山西旅游发展效率研究"(2018B072)对本书的资助!

由于作者的水平和时间有限,不妥之处在所难免,恳请广大读者朋友批评指正!

牛莉芹

2018 年 12 月

目　　录

图索引

表索引

第 1 章　绪　论

1.1　研究背景和意义

伴随着人类活动的日益频繁以及全球气候变化的加剧,全球环境问题越来越凸显,尤其是生物物种灭绝速率的增加以及生态系统遭到的大规模破坏(Hoffmann et al,2010;Brooks et al,2006;范永刚 等,2008;Zhang et al,2013;Gairola et al,2015;Zhao et al,2015;Rankin et al,2015;Campbell et al,2018;Sfair et al,2018),均引起了国际社会的广泛关注(Liu et al,2003;Barnosky et al,2011;Lenzen et al,2012;Hooper et al,2012;Bellard et al,2012;Lehosmaa et al,2017)。近年来,伴随经济的快速发展,旅游业呈现出蓬勃生机。众所周知,旅游开发行为是人类对生态系统的一种干扰活动,因此,伴随旅游开发程度的逐渐深入,旅游对生态环境的影响也引起了国内外诸多学者的关注(Shi et al,2002;张桂萍 等,2005;巩劼 等,2009b;Pickering et al,2010;晋秀龙 等,2011a;陆林 等,2011;Wolf et al,2013;段青倩 等,2015),特别是一些旅游景区,陷入了旅游开发与资源保护的矛盾之中,开始面临严峻的生态环境问题(Wang et al,2018;Canteiro et al,2018)。

五台山国家级风景名胜区不但是我国著名的旅游景区,而且具有典型的温带山地型森林生态系统,植被垂直带谱完整,且由于海拔高度差异悬殊,导致气候多变,土壤类型复杂,森林植被也呈现出多样性和复杂性。五台山景区于 2009 年入选世界文化景观遗产,每年吸引着大量的海内外游客前来观光旅游。然而,经过历史朝代的变迁,几度的寺庙被毁、扩建、新建和修缮(萧羽,1998),尤其是近些年各种旅游开发和森林砍伐,导致森林植被遭到了严重破坏。同时,大量游客的涌入,破坏了在自然条件下长期形成的稳定的枯枝落叶层和腐殖质层,使五台山景区的生态系统也遭受到很大威胁。旅游景区都处于特定的生态系统中,景区所处自然地理条件不同,生态系统也不尽相同,而景区植被是各种自然因素综合作用的结果,能客观地反映其生态环境的质量优劣程度,因此,研究植被对于旅游开发干扰的生态响应,对于风景区生态环境的建设和可持续发展具有重要的实践意义。

　　鉴于此,作者认为,有必要系统地对旅游干扰下五台山景观特征的变化、森林植被对旅游干扰的生态识别、旅游干扰对森林群落结构的影响以及物种多样性变化等不同方面进行综合剖析和评价研究,基于不同视角,揭示五台山森林植被对旅游干扰的生态响应,并通过识别这些影响,进一步探讨旅游干扰与植被保护之间的关系,以期为旅游景区环境管理者的决策提供参考,从而实现对景区旅游活动与植被保护的科学调控。

1.2　文献综述

1.2.1　旅游干扰对植被影响的国内外研究进展

　　众所周知,近年来,旅游的快速发展刺激了景区的经济增长,然而,旅游开发行为本身是人类对自然生态系统的一种干预,因此,旅游发展对自然生态系统造成的诸多负面效应也已经显现出来(Rai and Sundriyal,1997;Sun and Walsh,1998;Li et al,2005;Moore and Polley,2007;Roux-Fouillet et al,2011;Ballantyne and Pickering,2012;Ballantyne et al,2014;Wolf et al,2013;Malik et al,2016;Machado et al,2017;Wilson and Verlis,2017;Marcella et al,2017;Araujo et al,2017;Rodway-dyer and Ellis,2018;Toews et al,2018)。由于植被是整个生态环境质量的指示器,景区植被的优劣程度直接、客观地反映了其生态环境的好坏,因此,从国际研究来看,旅游干扰对植被的影响仍然是学术界关注的焦点(Pickering and Hill,2007;Zhang et al,2012;Queiroz et al,2014;Mason et al,2015;Wraith and Pickering,2017;Attua et al,2017;Niu and Cheng,2019)。总体来看,近年来,旅游对植被影响的研究主要聚焦于旅游干扰对景观、生物群落以及物种多样性影响等诸多方面(Kelly et al,2003;Cheng et al,2005;Pickering and Hill,2007;Ballantyne and Pickering,2013;Sikorski et al,2013;Dumitraşcu et al,2017;Attua et al,2017)。例如,Tzatzanis 等(2003)利用生物多样性和指示种,估算了景观价值,从而在一定程度上揭示了景观和植被对于旅游干扰过程的反馈。同样地,Dobay 等(2017)通过分析草地群落,发现旅游干扰对土壤有较大的影响,导致森林样方中土壤的流失。Stevens(2003)也曾经通过野外工作时获取的统计数据以及游客在不同年代的记录和照片的变化,从宏观角度详细阐述了尼泊尔珠峰地区几十年旅游发展对当地植被的影响和破坏,这些影响和破坏包括不断锐减的森林资源、受踩踏的高山植被以及生物多样性的降低等。此外,Bar(2017)也发现在游览路径中心不同程度的踩踏均会导致植被盖度、高度降低,且物种多样性减少。除以上研究内容之外,学者们还探讨了不同游憩方式对植被的影响(Cole,2004;Törn et al,2009;Pickering et al,2010;Pickering et al,2011;de Bie and Vesk,2014;Ballantyne et al,2014)。这些研究结果表明:不同类型的游憩方式(例如,徒步旅行、骑马以及山地自行车等),不仅能减少植被的高度和生物量,对土壤环境有负面作用,而且也会影响物种的组成。

除以上研究成果外,值得注意的是,"旅游干扰对植被影响"的相关研究,当前又有了新的关注点。例如,聚焦旅游产业的快速发展对一些野生植物资源过度消费的问题(Wu et al,2018),利用生物多样性或者某些植物种评价旅游对环境的影响(Canteiro et al,2018),探讨旅游活动对于一些稀有或濒危植物的影响(Czortek et al,2018;Wraith and Pickering,2017)等。而且,随着科学技术的飞速发展,一些新的技术(例如,遥感和 GIS)也已经被用来研究旅游对植被的影响(Zhu et al,2012;Sundriyal et al,2018)。

从国内研究情形来看,20 世纪 90 年代末期我国才有部分学者开始关注这一研究领域。例如,刘鸿雁和张金海(1997)从种群、群落和土壤特性出发,探讨了旅游干扰对北京香山公园黄栌林的影响;杨红玉等(1998)论述了抗踩踏植物的形态学、解剖结构以及存活策略等方面的生物学特性;李贞等(1998)以群落景观重要值、敏感水平等定量分析为依据,研究了旅游开发对丹霞山植被产生的影响;冯学钢等(1999)以不同区域为参照,分析了旅游活动对地被植物和土壤的影响;管东生等(1999)探讨了旅游对白云山的土壤和植被的影响。进入 21 世纪以来,国内学者结合生态学方法,从不同层面研究了旅游与植被的关系,且表现出逐步深化的趋势,研究所涉及的范围也非常广泛。具体来看,在研究领域上,不仅探讨旅游活动对森林生态系统(石强 等,2004;朱珠 等,2006)、草原生态系统(李文杰和乌铁红,2012)的影响,而且也深入研究了旅游干扰下城市生态系统(贾铁飞 等,2013)、湖泊湿地(唐明艳和杨永兴,2014)和滨海湿地(刘世栋和高峻,2012)等生态系统的变化。在旅游干扰的研究内容方面,学者们应用的生态指标和方法也丰富多彩,有针对植物种生态特征方面的研究(巩劼 等,2009a;晋秀龙 等,2011b;张金屯 等,1998;史坤博 等,2016),有多样性指数方面的综合评价(鲁庆彬 等,2011),有针对植物生物量和群落结构的研究(钟永德 等,2007),还有学者通过不同评价指标的构建,深入探讨旅游对植被的干扰(武国柱 等,2008;史坤博等,2015,2016)。在研究视角上,有学者从中观的角度研究旅游对植被及其土壤元素特征方面的影响(陈飙和杨桂华,2004;陆林 等,2011;唐高溶 等,2016),也有学者从宏观的角度剖析旅游发展与生态安全、环境承载力之间的关系(章锦河 等,2008;熊鹰,2013;方广玲 等,2018)。

1.2.2　五台山植被生态学研究进展

1.2.2.1　五台山植物区系和资源植物研究进展

植物区系是一定区域内所有植物种类的总称,是植物界在一定自然条件,特别是自然历史环境中发展演化的结果。对植物群落种类组成进行区系成分分析就是把组成群落的分类单位,按其分布区类型进行划分。对植物区系成分分析有助于了解某一地区植物的起源、演化、性质和时空分布规律等。五台山作为享有世界声誉的旅游胜地,有关植物资源的研究成果较多,许多学者通过对五台山植物资源的调查、实地考察以及标本采集,再结合前人的研究成果,提出了许多独到的看法,但由于研究者的研究空间、目的、内容和要求的差异,得到的结论也不尽相同。早期的研究有刘天慰等(1984)、毛芬芳等(1993),均对五台山维管束植物科、属、种进行了统计,例如,毛芬芳认为五台山现有维管植物 673 种,归属为 99 科和 312 属,同时,五台山科、属和种分别占山西省总科数、总属数和总种数的比例分别为 54%、38% 和 25%,其中,蕨类植物有 12 科 17 属和 32 种,裸子植物有 1 科 4 属 5 种,被子植物有 86 科 291 属 535 种。此后,茹文明和张峰(2000)就五台山的种子植物区系进行了系统分析,他们认为五台山有种子植物 865 种,隶属于 92 科和 392 属,其中裸子植物有 3 科 6 属和 7 种,被子植物有 89 科 386 属和 858 种(包括双子叶植物 76 科、294 属和 699 种以及单子叶植物 13 科、92 属和 159 种);并指出五台山植物区系温带色彩明显,表现为温带成分达 255 属,占绝对优势,占到总属数的 73.48%(尤其是北温带成分,占到 156 属,占总属数的 44.96%);同时,中国特有植物种达到 286 种,占有绝对优势,占总种数的 33.41%,如华北落叶松(*Larix principis-rupprechtii*)、青杆(*Picea wilsonii*)、油松(*Pinus tabuliformis*)、黄刺玫(*Rosa xanthina*)、蚂蚱腿子(*Myripnois dioica*)和虎榛(*Ostryopsis davidiana*)等,这些植物种是组成五台山优势植被中建群种以及优势种的主要成分。随后,上官铁梁等(2003)在五台山申请世界遗产期间,对该地区维管束植物进行了更详尽的调查,并提出:五台山地区有维管束植物 1064 种,隶属于 104 科和 477 属;其中,蕨类植物初步统计为 10 科、16 属和 22 种;裸子植物 3 科、5 属和 8 种;被子植物 92 科、456 属和 1034 种。从以上学者的调查研究成果来看,随着时间的向后推移,五台山物种丰富度在增多,一些科、属和种的数目在不断增多,这可能一方面由于社会经济的高速发展,技术进步,生态学调查手段和技术不断发展,原来一些未被发现的植物种逐渐被人类发掘;另一方面,随着时代的变迁,五台山旅游活动的日益兴起,可能会导致一些外来种入侵(Huiskes et al,2014;Barros and Pickering,2014),或者人类旅游活动的适度干扰,导致物种多样性提高有关(Mayor et al,2012;Attua et al,

2017)。除以上有关植物区系方面的研究外,五台山资源植物也相当丰富,李斌和张金屯(1998)通过对五台山野生资源植物的分类研究,认为五台山野生资源植物分为药用植物、油脂植物、蜜源植物、鞣料植物、淀粉及含糖植物、纤维植物、芳香植物、饲用植物和观赏植物等16 类。岳建英等(1999)通过对五台山野生花卉资源进行研究,指出五台山野生花卉植物包括 45 科 125 属以及 171 种,并且按其生活型及生态环境分为草地花卉、林木花卉、灌丛花卉、石缝花卉和水生花卉五大类。此后,陆续有学者从不同角度对五台山资源进行了调查研究,有学者进行了资源开发利用方面的探讨,例如,张奎文和杨天义(2000)针对五台山地区分布的 19 科 56 种落叶果树种子资源的生物学特性、分布及用途进行详细分析,并提出了合理开发利用资源的相关途径;李秀英(2005)针对五台山野菜资源及其开发利用进行了剖析。还有学者结合一些微观分析,对五台山草地资源开发利用、不同植物化学元素含量、主要豆科植物的地理成分及饲用价值等进行了分析,并认为五台山草地自然保护区现有豆科植物10 属 27 种,属于 5 个分布区 2 个亚区,大部分在群落中为伴生种;这些豆科牧草具有较高的饲用价值和较好的适口性,是该区重要的饲草资源(樊文华 等,1996,1999a,1999b)。近些年来,涉及五台山的资源及植被的研究和探讨主要集中在自然资源的旅游开发(樊晓霞,2014),以及针对资源进行的有关生态系统服务价值估算方面的研究(刘秀丽 等,2015)。

1.2.2.2 五台山植被、景观类型与分布研究进展

五台山植被类型丰富,有完整的植被垂直带谱,但由于气候原因,导致了森林植被的多样性和复杂性。关于五台山植被、景观等方面的研究,也引起许多学者的关注。例如,有学者认为,五台山植被应分为 7 个植被型 39 个群系,具体包括寒温性针叶林(有 5 个群系)、温性针叶林(有 1 个群系)、落叶阔叶林(有 4 个群系)、落叶阔叶灌丛(有 14 个群系)、灌草丛(有 4 个群系)、草丛(有 5 个群系)以及山地草甸(有 6 个群系);同时,这些学者还认为,五台山植被从山基到山顶应划分为 4 个带,即山地落叶阔叶林带、山地寒温性针叶林带、亚高山灌丛草甸带和高山草甸带(张金屯,1986)。此外,上官铁梁等(2003)在五台山世界遗产申报期间,通过对该地区植被类型的调查研究结果显示,五台山植被分为 7 个植被型 45 个群系,五台山现状植被的垂直分布划分 6 个带,即草丛、灌草丛及农垦带(海拔 900～1300 m)、山地落叶阔叶灌丛带(海拔 1300～1800 m),针叶阔叶混交林带(海拔 1800～2300 m),寒温性针叶林带(海拔 2200～2600 m),亚高山灌丛及草甸带(海拔 2400～2800 m)以及高山草甸带(海拔 2800 m 以上)。除以上学者对于五台山植被类型的划分和探讨之外,还有研究者利用现代技术,基于 TM 数据以及 GIS 技术,通过气候参数插值、地形三维分析、气候参数和景观图与 DEM 的叠加、景观参数计算等,从不同空间尺度分析了五台山高山带的景观特征,研

究结果认为：五台山是华北地区半湿润—半干旱背景上一个寒冷、湿润的中心，存在气候上的林线，应划入高山带；且五台山高山带景观主要是高山嵩草（*Kobresia bellardii*）草甸，这也是华北地区独特的景观类型（曹燕丽 等，2001）。也有学者研究五台山冰缘地貌植物群落（吕秀枝和上官铁梁，2010），还有学者通过遥感技术，分析五台山 25 年来植被覆盖的时空变化，并发现人为干扰导致五台山植被覆盖率降低（王宇 等，2018）。此外，还有学者通过草本植物群落的分类和排序，结合乔木和灌木分布的分析，确定了五台山高山林线的界线以及林线附近植被的性质，认为阳坡林线的海拔范围为 2605～2790 m，阴坡林线的海拔范围为 2810～3015 m；同时还发现五台山草本植物群落随海拔高度变化比较明显，草本植物的分布很好地体现了林线内部景观的差异性，并发现海拔高度是高山林线附近草本植物群落空间分异的决定性因素（刘鸿雁 等，2003）。除以上这些植被、景观的研究成果外，还有学者通过对五台山林区人工林群落物种多样性特征的研究发现：4 种典型人工林群落灌木层和草本层的物种丰富度指数和均匀度指数有显著差异，草本层发育明显好于灌木层；各人工群落尚处于演替初期阶段，并且还提出了退耕还林和天然林保护等对五台山物种多样性保护有重要意义的一些措施（周择福 等，2005）。另外，还有学者通过对五台山不同立地林型的分析，提出了五台山混交林发展模式的初步构想（朱献荣，2005）。特别值得注意的是，有学者从五台山高山带草本群落特征种的生长、分布以及高山林线树种的年轮研究，探讨了近 20 年来气候变暖对高山植被的影响。研究认为：高山草甸和林线过渡带的某些植物种向上爬升的趋势与同期区域气温升高是密切相关的，草本群落及其特征种沿垂直梯度的爬升与五台山高山带近年来的增温趋势相符合，高山带植被对气候变暖的响应较为敏感，可作为气候变化的指示体；并通过树木年轮宽度分析发现，夏季降水对五台山的高山带木本植物生长有较大影响，通过树轮宽度指数与 7 月份降水量相关分析，发现五台山气候在 20 世纪 20 年代、30 年代中期至 40 年代是相对比较干旱的时期，30 年代初期和 50 年代是相对湿润期，近年来，五台山降水量则有下降趋势（戴君虎 等，2005）。从以上研究进展来看，学者们的研究内容随着时代的发展也有不同的聚焦点，即从最初对于植被类型的探讨到利用遥感技术分析植被景观的变化以及全球变暖与植被的关系。

1.2.2.3　五台山高山、亚高山草甸研究进展

五台山亚高山草甸是华北地区最典型、类型最丰富、草质和生产力最高的山地草甸，总面积为 84 391 hm²。高山草甸则主要分布在海拔 2700 m 以上，嵩草草甸为华北山地所特有的类型。五台山亚高山草甸包括苔草草甸、五花草甸及野青茅（*Deyeuxia arundinacea*）草甸，主要分布在海拔 2000～2700 m，其牧草种类丰富、营养完善、产草量高，是当地畜牧业赖

以发展的重要牧草地资源。五台山亚高山草甸引起了许多植物生态学者的兴趣,目前,对于五台山高山、亚高山草甸研究的成果很多,例如,对草地类型划分的研究(陈安仁,1980)、对草地资源评价的研究(杨汝荣,1986;张金屯,1987;姚彦臣,1992;董宽虎 等,1994)、对五台山亚高山草甸 β 多样性变化的研究(张建彪 等,2006)、对五台山亚高山草甸优势种群及群落格局的研究(张金屯和米湘成,1999)以及对放牧压力下草甸退化特征的研究(章异平 等,2008)等,还有学者对其植物种的环境梯度分布及种组进行了划分(黄晓霞 等,2009),更重要的是,近年来,运用数量生态学方法对五台山草甸研究的成果颇多。有的学者通过对五台山草甸植被类型分类和排序,对五台山亚高山草甸不同种群的空间分布格局进行了分析(张金屯,1989;张金屯 等,1997,1998)。有的学者们应用双向指示种分析法和除趋势对应分析方法对五台山蓝花棘豆(*Oxytropis coerulea*)群落进行了分类和排序研究,并对蓝花棘豆群落进行了划分,也论述了每个群丛群落特征和生境特点,提出群落中的建群种对海拔等生态因子有明显的指示作用等结论,并且发现,随海拔升高群落中的建群种由喜温耐旱植物演变为喜湿耐寒植物;同时,学者们也应用 Shannon-Wiener 和 Levins 指数以及 Petraitis 特定重叠指数对五台山蓝花棘豆群落的 18 个优势种群的生态位宽度和生态位重叠进行了研究,并应用 Margalef 丰富度指数、Simpson 指数、Shannon-Weiner 指数和 pielou 均匀度指数对 9 个蓝花棘豆群丛的植物多样性进行了深入探讨(曹杨 等,2005;闫美芳 等,2006;聂二保 等,2006)。张金屯(1987)应用模糊数学综合评判模型对五台山四类主要草场的质量进行了评价。指出白羊草(*Bothriochloa ischaemum*)草原为四等草场,中生禾草草甸和嵩草草甸均属于三等草场,五花草甸属于二等草场,整个山体,海拔 1600 m 以下,以四等草场为主,1600 m 以上,则以二、三等草场为主。除以上这些较宏观研究之外,还有学者从相对微观的角度对五台山草甸展开了研究。例如,对五台山草地自然保护区土壤中铬、钴、铅等元素含量的垂直变化及其在植物体中的富集规律做系统研究的相关成果(樊文华 等,1995,1998a,1998b,1999c,1999d)。

1.2.2.4　五台山湿地植被研究进展

湿地是世界上最重要的生态系统之一,但它也是非常脆弱的一种生态系统(Ricaurte et al,2017)。当前,全球湿地面积不断丧失(Davidson,2014),全人类已经到了该警醒的时刻。自 1992 年我国加入《关于特别是作为水禽栖息地的国际重要湿地公约》(亦称 Ramsar 公约)(林业部野生动物和森林植物保护司,1994)和世界环境与发展大会之后,我国制定的《中国 21 世纪议程》(中国 21 世纪议程管理中心,1994)将湿地保护与合理利用列为议程的优先项目,极大地推动了我国湿地资源调查和研究工作的进行,并有一些研究成果陆续报道(陈宜瑜,1995;杨朝飞,1995;殷康前和倪晋仁,1998;倪晋仁 等,1998;张峰和上官铁梁,1999)。湿地植被作为一种特有的植被景观,不仅是重要的风景资源,而且有着独特的生态功益(邓立斌,2011;芦晓峰 等,2011),它对于维护景区的生态环境起着非常重要的作用。五台山湿地植被资源有限,已有的研究成果相对较少(牛莉芹 等,2013a,2013b;程占红等,2014),这就使得五台山湿地资源的保护显得尤为重要,因此,迫切需要有关五台山湿地植被多样性及其生态特性的有关文献资料,以期弥补五台山湿地资源研究的不足,为景区湿地植被的恢复和保护提供有力的证据。

1.2.3　五台山旅游相关研究进展

1.2.3.1　五台山景区旅游研究进展

伴随着五台山旅游业的快速发展,近年来,越来越多的学者开始将焦点聚集在五台山旅游景区,关注其旅游开发过程中出现的诸多问题。学者们的研究内容丰富多彩,围绕五台山旅游发展过程中出现的诸多问题,从交通拥堵、旅游形象、票务及门禁系统设计、庙宇分布特征、公共设施设计以及旅游管理等不同层面探讨五台山旅游业的发展(郭娟,2010;李喜民,2010;高宇琦,2011;赵鹏宇 等,2015;段建宏和张瑞霞,2016;李思远,2017;金巍和李玉轩,2018)。例如,有学者利用网络平台,通过网络调查、数据收集与分析,探讨五台山景区网络关注度的时空分布特征及其影响因素、五台山景区的影响力、服务质量和国际化程度等,并提出改进的对策和建议(张碧星和周晓丽,2018;贾士义 等,2015);有学者基于网络视角,针对五台山旅游形象的传播模式展开探讨(李婷和辛虹,2015);有学者通过五台山景区网络关注度的研究,对游客的空间分布特征进行分析,认为在空间分布特征上,北京、山西、天津、河北、山东、河南、浙江、江苏、上海、广东等地是五台山景区的核心客源市场;东北、华中地区是五台山景区的潜在客源市场;而西北、西南等地对五台山的关注度不高(赵鹏宇等,2016a)。还有学者则从可持续旅游发展的视角,结合五台山景区旅游发展的现状,从交通对策、游客低碳旅游认知、景观遗产的特点及保护对策等多角度,探讨五台山旅游发展问题,并提出建设性意见(王丹丹 等,2017;王璐 等,2017;程占红 等,2018)。

除以上研究内容外,更多的学者则关注旅游中非常重要的两大因素,即游客和旅游资源。从旅游资源角度来看,针对佛教文化以及自然资源展开的研究内容较多。具体来看,有学者针对五台山佛教素食文化旅游可行性进行分析,并提出了进一步推动五台山佛教素食文化旅游开发的对策和建议(罗正明和吴攀升,2015);有学者通过分析五台山丰富的佛教文化旅游资源,阐述其对五台山旅游的影响(杨蝉玉和吴向潘,2013);还有学者基于文化意象视角对五台山宗教遗产地的旅游文化内涵进行挖掘(张建忠和孙根年,2012)。然而,更多学者们关注五台山森林生态旅游发展前景(李丽琴,2014)、五台山旅游资源分类、开发问题(樊晓霞,2014;韩瑛 等,2015),以及五台山旅游资源低碳化的开发和运行模式(李瑞芳和郑国璋,2013)等。与此同时,这些研究中涉及的方法也多种多样,例如,一些评价模型的构建及定量评估方法(毕晋锋,2012)以及一些 GIS 方法的使用(牛莉芹和程占红,2012a)。从游客视角来看,在研究方法上,采用访谈和问卷的研究相对较多,且研究内容也丰富多彩。有从个人因素、他人因素和景区因素探讨游客拥挤感知影响因素方面的内容(刘丽芳 等,2018)、有对游客宗教旅游体验的研究(何佳瑛和矫丽会,2018)、有基于因子分析的对游客目的地选择影响因素的分析(王赞赞 等,2018a)、有对游客行为特征差异的研究(王赞赞等,2018b)等。还有学者通过网络数据的分析,基于游客的日志和拍摄的照片,从游客对于佛教建筑物、佛教法事、庙会、佛教信徒日常生活与修行的关注等方面探讨游客对于五台山旅游的兴趣和关注点(白玫 等,2017),游客在不同季节、月、周等时间段对于五台山景区网络关注度的时间变化特征(赵鹏宇 等,2016b),游客对于五台山的旅游形象感知研究等方面的研究(赵鹏宇 等,2015)。除以上问卷和访谈方法之外,还有学者通过一些模型、指标体系或矩阵图的构建,探讨游客的低碳旅游认知及其非人口学影响因素(程占红 等,2018)以及游客满意度等内容(常亚楠 等,2014)。此外,还有针对游客吃、住、行、游、购、娱等旅游六要素的相关研究(赵鹏宇和黄博,2015)。

1.2.3.2　五台山景区旅游干扰对植被影响研究进展

从国内外研究成果来看,尽管针对旅游干扰与植被关系方面的研究内容丰富多彩,但针对五台山旅游发展与植被关系的研究成果却相对偏少,且大部分也均是本课题组的成果(牛莉芹 等,2012;牛莉芹和程占红,2012a,2012b,2018),这些工作主要围绕旅游活动干扰导致的五台山植被生物多样性及其生态特性发生的变化而展开讨论。课题组主要完成的成果如下:(1)以五台山这一典型温带山地型景区为实证案例研究地,深入探讨旅游活动干扰对景区植被的影响,关注温带山地型景区旅游与植被关系,且形成了一系列的研究成果,丰富了温带山地型景区旅游对植被影响的相关内容。例如,从宏观上,课题组采用现代先进的遥感和 GIS 手段,探讨旅游干扰作用下整个五台山景区景观特征的变化(牛莉芹和程占红,2012a);从中、小格局视角,针对典型旅游干扰区旅游活动对植被的影响,以及旅游干扰和非干扰区植被的生态差异等不同方面展开探讨,研究具体涉及植物种的科属特性、区系特征、群落结构、生活型和生态型以及一些生态效应评价等方面的内容,系统、全面地揭示了旅游对植被的影响过程(牛莉芹,2019)。(2)创新旅游生态研究的手段和技术。课题组在多年研究中将数量生态学分析方法与景区的旅游影响系数、景观重要值、物种多样性(牛莉芹等,2010,2013a;牛莉芹和程占红,2011)等具体指标相结合,构建了旅游干扰对于植被影响的评价指标,探讨了旅游干扰对植被影响的数量表达,这在旅游景区环境预警和监测中意义重大,也为将来的研究指明了方向,这种创新性有利于保护区环境管理者对于景区管理的精准调控。

1.3　研究内容及技术路线

1.3.1　研究内容

五台山是国家森林公园,2009 年入选世界文化景观遗产,是国家 5A 级旅游景区,每年吸引着大量海内外游客前来观光旅游,发展和保护一直是旅游景区所面临的难题,而在旅游活动干扰下,植被所表现出的生态特性是景区生态环境质量优劣的重要指征,具有一定的预警功能,本书旨在通过识别植被对旅游干扰的这些反馈,进一步探讨旅游干扰与生物多样性保护的关系,以期为旅游景区环境管理者的决策提供佐证,从而实现对景区干扰与保护的科学调控。

鉴于以上原因,本书主要采用双向指示种分析(Two-Way Indicator Species Analysis, TWINSPAN)和除趋势对应分析(Detrended Correspondence Analysis,DCA)等数量生态学分析方法,并结合现代遥感和 GIS 技术,从不同的视角探讨五台山森林植被对于旅游干扰的生态响应。首先,从宏观上,研究旅游干扰对于五台山景区整体景观特征的影响;其次,从中观层面上,以旅游干扰区和非干扰区为研究区域,探讨旅游干扰和非干扰情境下森林植被生态特征的差异性。

鉴于此,本书系统地从旅游干扰活动对五台山的景观格局、典型旅游干扰区植被、旅游干扰区和非干扰区的森林群落、植物种等多个层面进行综合剖析和评价,旨在通过不同视角揭示旅游干扰下五台山景区物种多样性发生的变化,为景区的生态环境管理提供佐证和参考。本书主要研究内容具体如下。

首先,以整体景观格局为研究目标,利用现代遥感技术,从宏观角度探析五台山景区在旅游活动干扰下景观特征发生的变化。

其次,以旅游干扰区以及非干扰区的森林群落为研究目标,以野外调研及样地设置为手段,通过生态学取样,从森林群落植物区系分析、科属特性、整体结构、物种多样性等方面详细剖析了植被在旅游干扰和非干扰状态下的生态差异。

1.3.2 技术路线

本书的技术路线见图 1.1。

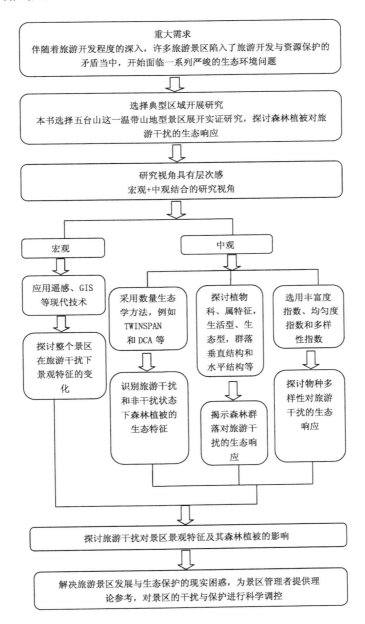

图 1.1 技术路线图

第2章 研究区域概况

2.1 五台山景区地理概况

2.1.1 自然地理概况

五台山位于山西省东北部忻州市的五台县境内,范围为 113°29′～113°44′E,38°50′～39°5′N,东西最宽处 37 km,南北最长处 56 km,总面积 376 km²。五台山属北岳恒山山脉,北望恒山,西望代县雁门关,地跨五台县、代县、繁峙县和河北省的阜平县,自东北至西南走向,纵长 100 km,周边 250 km,由东、南、西、北和中五座环抱而立的峰顶组成。五座峰顶虽高却平,故名"五台"。其中,北台峰顶海拔 3062 m,是华北地区最高的山峰。滹沱河从五台山北部发源,绕西南向东注入海河。

五台山的佛教中心区在台怀镇,海拔 1700 m,它位于五台山的五大台顶怀抱之中,故名"台怀",该区域也是旅游景点最集中的地区。从地形上看,整个山区的山高一般在海拔 1500～2000 m,分水岭地带海拔都在 2000 m 以上,相对高差为 500～1000 m,地形比较复杂。当地人还习惯将台怀地区(即台怀镇)称做"台内",将台怀以外地区称做"台外"。中心地区距太原市 230 km,距忻州市 150 km。

从地质构造的角度来看,五台山是地质历史的第一个代,叫做太古代。它是最古老的一个地质年代。大约开始于 45 亿年前,结束于 24 亿年前。五台山地质构造古老,属五台山腹背斜古老河谷沟壑地质。主要特点是经历了长期的构造运动,形成一系列褶皱与断裂,古老岩层强烈变质,形成了最古老的陆地基础。山体主要由前震旦系变质底岩组成,部分出露有剥蚀残留的古生界寒武系、奥陶系碎屑岩、灰岩及白云岩,东部还有部分中元古界长城系,蓟县系石英砂岩和含燧石的白石岩。五台运动后,五台群体产生了各种高角度的柔性褶皱,形成东北老、西南新、总体倾向北北东一南南西的地层走向。

从太古代到下元古代末,受平山、铁堡、五台等一系列造山运动的影响,发生强烈的褶皱,形成了连绵不断的山地——五台山脉。新生代喜马拉雅山构造期,随着山西陆台整个隆起,形成大的断裂上升,发育成陡峭的山,形成五台山区现代地貌的基本雏形。深厚的风积物覆盖其上,形成黄土地貌,近代冰川与沉积对塑造目前地貌亦有深刻影响。由于重力削蚀、冰川削蚀作用强烈,五台山的山势比较陡峻,山脊、山梁比较宽阔,山坡呈凸坡,山峰呈锥状秃山。五台山的沟谷呈"U"型,沟底平缓多碎石、卵石,几乎山山都有小型裂隙泉水流出。五台山地形和地貌按成因和形态特征可分三大类:(1)剥蚀构造的断块高中山地地貌。以五个台顶山地为主,山顶保存有北台期的古夷平面;(2)山间黄土盆地为拗陷盆地的地貌;(3)河谷沟川,为水蚀冲刷地貌。另外,显通寺旁的山上产铜矿,金岗库产硫磺矿,大明烟一带和佛光寺后产铁矿,下苇地附近山上产铜、铁矿,这说明五台山是多金属地质。从地形上看,整个山区的山高一般在海拔 1500～2000 m,分水岭地带海拔都在 2000 m 以上,相对高差为 500～1000 m。地形比较复杂,山区的气压,高山一般在 700 hPa 左右,山下一般在 800 hPa 左右。

由于上述原因,五台山的气候差异非常悬殊。因为山脉是东北—西南走向,是东南风西进的一道屏障,所以成为河北省与山西省北部的气候分界线。一山之隔,山脉的迎风面为降雨中心,山脉的背风面为少雨中心。五台山地区,年平均气温为 −4.2℃,1 月份最冷月平均气温为 −19℃,极端最低气温达 −44.8℃(在中台)。因此,中台、北台的背阴处有终年不化的"千年冰""万年雪",除向阳处以外,土壤有常年不解冻的"永冻层"。7 月份最热,平均气温在 9.6℃,极端最高气温只有 20℃(台怀镇最高可达 32℃)。平均终霜期在 6 月中旬,初霜期在 8 月下旬,全年无霜期只有 75 d。平均年降雨量为 966.3 mm(比相邻的忻定盆地多 0.2～1.9 倍),主要集中在夏季。降雨量受地形影响很大,一般是高处的雨水多于低处,南坡多于北坡。整个山区,全年盛行西北风。年平均风速为 9 m/s,冬季 1 月份的平均风速达每秒 13.1 m,夏季风速较小,7 月和 8 月平均风速为 5.6 m/s,平均每年出现 8 级或 8 级以上的大风日数达 182 d,最大风速可达 40 m/s(12 级)以上。多云雾天气,年平均雾日为 193 d。

总体看来,五台山的气候特点是:明显的垂直分布,漫长的严寒期,充足的雨量,分布复杂的风速风向。夏季人们常常见到非常有趣的天气:峰顶雷电交加,大雨倾盆,而沟谷却是风和日丽、气候宜人;或者山头万里无云,红日当空,而山下却是乌云密布,电闪雷鸣。尤其是海拔较高的地区,一日之内常有晴、阴、风、雨、雹、雾等瞬息变化,所以当地群众对天气有"十里不同天"和"天变孩儿脸"的形容。

此外,五台山的水资源比较丰富。水质总评价值为 0.48,属于尚好水质。主要是以大气降水、地面水和地下水(泉水、井水)等形式存在。清水河发源于东台,由无数山泉小溪汇合而成,径流台怀镇由北向南汇入滹沱河。整个山区,山沟颇多。已经勘察的有 17 眼泉水。泉水是当地居民的主要饮用水源,其次是井水和河水。不少地方利用河水、泉水建成了小水电站和微型水电站,服务于当地群众生活。

2.1.2　自然生态概况

由于生物气候垂直分带明显,相应的五台山土壤垂直分带也十分明显。五台山主要包括三个土类,其垂直分布规律是:海拔 1800～2200 m 为山地棕壤或疏草棕壤;海拔 2200～2650 m 为山地草甸土;海拔 2650 m 以上为亚高山草甸土。除高海拔的亚高山草甸土由于草毡层厚,多冻土"草丘",土壤中含低分子量的富里酸比例较高外,从质量来看,三类土壤有如下共同特点:(1)草毡层与腐殖层发育良好,土体中有机质含量高,且土壤机械组成以团粒结构为主,土体保水和通气性能好,有利于好气微生物活动。同时,夏季的高温、高湿有利于有机质矿化,释放养分,疏松土体,有利于植物根系的发育;(2)土体物质均有不同程度的淋溶与沉淀;(3)有较丰富的地表水源,人为影响较少;(4)土体内潜在养分含量高,能为植物生长提供优越的基础条件。

五台山地区现共有鸟类 142 种,属 16 目 38 科;兽类 41 种,属 6 目 19 科。依中国动物地理区划,本区属古北界、华北区、黄土高原亚区,动物区系组成以古北界种类占优势。据历史记载,五台山曾蕴藏着较为丰富的动植物资源,其森林群落至明初仍然茂盛,所栖息的动物种类、数量也特别丰富,尤其是林栖和草原动物。《五台县志》乾隆四十年所记载,五台山有麝、虎、豹、鹿、熊、獐等大型动物和鸳鸯等珍禽。但由于历史上盲目的过度狩猎,再加上后人的乱砍滥伐,原始植被遭到破坏,导致森林资源枯竭,破坏了动物的栖息环境,历史上有过的珍贵鸟兽多数已经绝迹。致使本地区现有动物种类,尤其是鸟兽贫乏,在区系组成上几无特有种类。此外,五台山经济动物种类约 50 种,占全区总数的 13.7%。其中肉用动物 9 种,药用动物约 20 种,毛皮、毛羽动物计有 20 多种。

2.2　五台山景区宗教文化概况

2.2.1　五台山的宗教文化

五台山是中国四大佛教名山之一,也是佛教文化中文殊菩萨的道场,最初是以"仙山"闻名。南朝永初二年(421 年)佛陀跋陀罗译《大方广佛华严经》,首次指出文殊菩萨驻赐清凉山:"东北方有处,名清凉山。从昔已来,诸菩萨众,于中止住。现有菩萨,名文殊师利,与其眷属,诸菩萨众,一万人俱,常在其中而演说法"(张书彬,2015)。据顾炎武考证:"五台在汉为虑虒县,而山之名始见于齐。其佛寺之建,当在后魏之时。"五台山能够成为著名的文殊信仰圣地,除了拥有佛教典籍的大乘经典依据、"紫府"等地理环境优势条件外,还有赖于修行感应、帝王扶持等传播感应(张书彬,2015)。

文殊信仰在五台山的形成由来已久。东汉末年至两晋时期,大乘佛法经典著作被大量翻译和传颂,使文殊信仰以大乘般若为核心精神被固定下来。北魏孝文帝深信佛法,在五台山修筑大量佛寺并招揽众多僧侣,为五台山佛教兴起打下基础。隋唐时期由于统治者都是大乘佛教的信奉者和支持者,因而颁布政令在五台山建寺度僧,尤其是武则天时期朝礼五台的上万僧人,标志着五台山道场的全面复兴。唐代宗时期,不空三藏派其弟子含光到五台山创建金阁寺,随后各地均奉敕兴建文殊院,文殊道场在全国遍布开来。至元明清后期,藏传佛教在五台山勃然兴起,呈现出青庙、黄庙并举,藏传佛教、汉传佛教和谐共处局面。直至清末,五台山的青黄庙道场都保持稳定发展。五台山的文殊信仰是人们在长期的社会生活中逐渐积累而成的以五台山为中心的一种菩萨信仰。文殊信仰,信仰的是文殊菩萨的"大智大悲大行大愿",信仰的是文殊菩萨"知行合一"的实践精神及美德(赵海涛,2017)。五台山的文殊信仰是人们在长期的社会生活中逐渐积累而形成的以五台山为中心的一种菩萨信仰,具体包括对菩萨本身的信仰、对般若智慧的信仰以及以五台山为代表的文殊佛教圣迹崇拜;在文殊信仰发展的过程中,从佛陀跋陀罗到法藏再到澄观等僧侣,一步步把五台山指实为清凉山,将五台山的地理特征演绎解释为文殊菩萨的种种智慧德行,也就是将文殊信仰与五台山捆绑起来,成为五台山文殊信仰的主要组成部分,随着五台山文殊信仰在全国乃至世界范围内的扩散,五台山文殊信仰超越了民族与地区的界限(赵改萍,2017)。

除以上文殊信仰之外,寺庙是佛教徒进行供奉、朝拜、念佛等宗教活动的主要场所,因此,寺庙具有人员集中、场地广阔、房屋众多等特点,但如何有效、有序地组织各类活动人员的生活、宗教活动等是寺庙建筑空间组织需要解决的主要问题。五台山现存寺庙建筑群相互独立,选址与中国古代风水理论保持高度契合,呈现"环若列历,林泉清碧"的总体特征。在五座台顶分别建庙,实现空间结构的总体框定,进而形成以台怀镇为中心的十个景观空间,因地制宜地构筑了肃穆的宗教氛围和绚丽多彩的空间景观。主要有贯联式、散点式和集聚式三种布局方式进行总体布局(王新宇和刘亚楠,2017)。五台山的佛教建筑非常多,且历史悠久,形成了规模宏大的佛教古建筑群落。现存的南禅寺和佛光寺是唐朝建筑,整体来看,其建筑技艺娴熟,利用硕大的斗拱、月梁、叉手,充分体现唐代建筑的壮美和华丽;岩山寺是金代建筑,独创灵活的减柱结构,斗拱与层次简洁,完美再现当时的风土人情和建筑形式;广济寺是元代建筑,设计新颖,布局灵巧,殿前方加筑月台,用材朴素但形式上有独到的创新;明朝以显通寺、塔院寺、殊像寺等为代表的建筑,数量再一次达到高峰,造型与所用材料呈现多样化,出现了铜铸佛塔与铜铸大殿,装饰华丽,雕刻精美,既加强建筑结构稳定性,又重视空间的充分利用,菩萨顶和镇海寺是清朝建筑,彩绘与雕刻精致细腻,斗拱缩小却不失大气风格(韩瑛 等,2015)。由此可见,五台山的佛教建筑兼具有极高的文物和艺术价值。例如,以上所提南禅寺便是五台山众多的寺庙中具有特色的一座。据史料记载,南禅寺主体建筑——大佛殿重建于盛唐时期的唐德宗建中三年(782 年),据考证距今已有 1200 多年的历史,它是我国现存的最古老木结构的建筑;南禅寺坐北朝南,包括山门、东西配殿和大殿等部分,是一个四合院式的建筑,山门也称做观音殿,东西配殿分别称为菩萨殿和龙王殿,其主体建筑——大佛殿是唐代留存下来的建筑,而作为东西配殿的菩萨殿和龙王殿则始建于清朝时期(钟云燕,2015)。总体来看,五台山寺庙空间组织类型较多,既有印度佛教建筑以塔为中心的空间组织文化,又有中国传统建筑四合院式、组群式、纵轴式、园林式等空间组织文化;其次,五台山寺庙空间组织特征突出;此外,五台山寺庙空间组织的佛理脉络清晰。寺庙是佛教徒生活、修行的场所,从进入佛门的必备条件皈依三宝,到三乘佛教、圆满佛果,都在寺庙的空间组织文化中得以展示(余昀,2018)。目前五台山仍保存有历代修建的寺庙 68座、佛塔 15 余座、佛教造像 146 000 余尊、壁画 2380 m²,这些人工景观反映了历朝历代人类活动对文殊的敬仰和对佛教的崇信,同时也体现了人类发展过程中高超的文化艺术和技能(王丹丹 等,2017)。

除结构多样的寺庙建筑外,五台山也是文殊菩萨彩塑艺术的集中地。五台山现存有从唐代至今的 30 余尊文殊菩萨彩塑,既具有历史连续性和时代感,又具有佛教造像艺术的共性,也富有鲜明的地方特色,形象地反映出不同时代的社会风貌和艺术成就,彰显了五台山文殊道场的文化特色,文殊菩萨的彩塑无论是容貌体态、造型还是着装都独具特色(周祝英,2017)。此外,五台山还遗存有精美绝伦的壁画。五台山遗存的壁画涵盖了唐、宋、金、元、明、清、民国各个朝代,充分彰显其佛教中心地位;此外,五台山寺庙壁画美学价值深厚,气韵生动的画面流露着佛教美术特有的审美取向:注重绘塑合一、画面意境和绘画本身艺术性的营造;尽管五台山寺庙壁画现存绘画面积大、数量多、遗存丰富,但大多有不同程度的损毁(李玉福,2015)。以五台山佛光寺唐代壁画为例,保存约 60 m²,是我国现存唐代佛寺壁画中的典型代表之一,在中国艺术史和佛教史上都占有极重要的地位(候慧明,2012)。阿弥陀佛信仰在唐代社会相当普及,不仅在上流社会流行,在下层民众中影响更为广泛,五台山亦成为阿弥陀佛信仰最为兴盛的地区,佛光寺与净土宗四祖法照关系密切,因此,五台山佛光寺壁画中出现"西方三圣图";同时,五台山自北魏以来,一直是华严学说研究和传播的重镇之一,佛光寺便是华严宗在五台山活动的重要场所之一,因此,佛光寺壁画中出现文殊、普贤菩萨的内容也是必然之事,可见,华严宗与净土宗相互影响、互为援引的趋势,佛光寺壁画则成为佛教诸宗思想融合的珍贵实物例证(侯慧明,2012)。除壁画外,狮子也是佛教的一种代表性的象征物,石狮作为五台山佛教寺院必不可少的传统建筑小品,与寺内其他建筑构成造型和谐的建筑组群,为庄严宏伟的建筑增添了气势,丰富了空间,活跃了建筑序列和建筑环境的氛围(周祝英,2018)。此外,还有一些数量甚多的铭石书法,其中一些碑刻书法的艺术性也值得去探究(徐传法和王琪,2018)。

　　总体来看,五台山佛教的发展历经曲折,大致可概括为四个发展阶段:第一阶段是五台山佛教在东汉明帝时传入到魏孝文帝时首次兴起;第二阶段是五台山佛教经历了魏武和周武的两次灭佛事件后逐渐走向衰落;第三阶段是五台山佛教在隋二代君主努力下,开始复兴,后在唐朝统治者政策支持和文化多元的背景下,出现繁荣的局面;第四阶段到宋元明清时期,特别是元代藏传佛教传入之后,五台山作为汉藏佛教共存的圣地,更被认为是"中华卫藏"之所,受到统治者的青睐和重视,至此,五台山佛教出现昌盛的气象(沈翠梅,2016)。然而,五台山佛教文化之所以能保存发展下来,与其地形、气候、气象等地理环境密不可分,五台山特殊、封闭的山地环境以及"清凉"的气候条件有利于佛教徒修行,作为文殊菩萨的道场,五台山也一步步被描绘为文殊菩萨的形象或载体(景天星,2015)。

2.2.2　五台山有关宗教文化的相关研究

　　五台山宗教文化研究相对广泛,例如,在佛教音乐方面,有就五台山佛教音乐的价值、五台山佛教音乐各时期的发展以及五台山佛教音乐的现状三方面进行归纳与整理的(邢洁,2017);有将五台山佛教音乐作品、佛教理念与佛教文化的现状展开分析与研究,深入了解佛教音乐发展现状,并探讨其有效的传承与创新的(袁云霞,2017);还有对曲谱内容进行分析比较,并对台外佛曲的发展变迁加以阐述,从而探寻台内、台外佛乐的传承与发展关系的(屈洪海,2011);也有对五台山藏传佛教六月法会的仪式及其所使用的"音声"进行音乐民族志的记录与研究,以此窥探五台山藏传佛教仪式音乐的全貌及特点的(王芳,2016)。五台山佛教艺术源远流长,除佛教音乐外,其包罗万象的遗存寺庙壁画更是其艺术珍藏中的瑰宝,在壁画研究方面,有通过对壁画中罗汉造像进行深入分析研究,总结出人物造型、服饰、法器等艺术特点的(李秉婧,2017);还有以五台山壁画艺术为蓝本进行美术教学,并利用其深刻的哲理性、形象性、愉悦性、感染力,提高受教育者的接受兴趣的(李秉婧,2010)。此外,还有一些历史遗迹等方面的探讨,例如,一些佛经、纸墨等珍贵的研究价值(李宏如,2012)。

以五台山丰富的佛教文化旅游资源为载体,阐述其在五台山旅游中的影响,从而进一步挖掘五台山佛教文化旅游资源的深层次内涵,在发展壮大的过程中形成自己独特的文化资源,盛大隆重的佛事活动、古老宏大的佛教建筑、精美传神的雕塑和绘画、丰富多彩的传说和历代留下的诗、词、歌、赋等,这些文化在无形中影响着人们的各个方面,对于传承发展三晋文化乃至中国文化具有重要的意义和价值(杨蝉玉和吴向潘,2013)。

2.3　五台山景区旅游发展概况

2.3.1　五台山传统旅游发展简况

除佛教文化之外,在五台山 376 km² 的景区范围内,奇石、怪洞、古树、名泉遍布于高山大壑之间,历代 40 余处寺庙建筑坐落在五峰上下,殿堂、楼阁、亭、坊、壁等辉煌建筑巧夺天工。五台山以悠久的佛教文化、精美的古代建筑、秀丽的自然风光、凉爽的气候特征及较多的革命斗争遗址,构筑了融佛教圣地、避暑胜地、革命圣地为一体的旅游胜地。

在古代和近代,五台山旅游业的发展极为缓慢,客源特征单一,主要是大量的僧尼、信徒来此朝山拜佛。在新中国成立后 20 年左右的时间里,五台山旅游业的发展受到很大限制,处于低潮期。

改革开放以来,五台山旅游业得到了迅速发展。五台山是 1982 年经国务院审定公布的第一批国家级重点风景名胜区,随后,1985 年成立旅游管理局,正式实行对外开放。1989 年五台山成立风景名胜区政府,1992 年林业部批准列为"国家森林公园"。1995 年五台山被列为山西省十佳旅游景点之一,是 1997 年国家旅游局推出的 35 张王牌旅游产品之一。1999年五台山荣获"全国创建文明行业工作先进单位"和"全国文明风景名胜区"称号,2000 年又被授予"全国文明风景旅游区示范点"称号,顺利进入全国 AAAA 级景区先进行列。2005年通过第四批国家地质公园评审,成为"国家地质公园",2007 年国家旅游局审定为"首批国家 AAAAA 级旅游景区"。与此同时,至 2008 年,五台山已经成功举办了 19 届国际旅游月。据不完全统计,特别是近几年来,五台山海内外游客年均接待量达到 800 万人次,20 多年来,五台山旅游业取得了长足发展。五台山位居中国佛教名山之首,是国家级重点风景名胜区、国家森林公园、山西省十佳旅游景点之一。五台山保存有东亚乃至世界现存最庞大的佛教古建筑群,它还以独特的地质结构遗迹和覆盖完好的植被闻名于世。2009 年在第 33 届世界遗产大会上五台山入选《世界遗产名录》,成为我国第二个世界文化景观遗产地。从最近的2016 年游客的统计数据来看,已经达到了 800 多万人次,为此,对五台山植物区系、资源和植被生态等方面的回顾性研究,具有重要的现实意义和理论价值。

由于五台山气候和地形条件的限制,以及各种社会因素的影响,旅游客流表现出很强的季节性。图 2.1 是 1995 年、1997 年、1999 年和 2001 年游客量的季节变化图。由该图可知,五台山游客量表现出明显的季节性,在 5 月和 8 月有两个峰值,其中 8 月为最高峰。这两个峰值的形成有其自身的原因,8 月是由于自然季节性因素,5 月则是由于社会季节性因素(程占红,2015)。

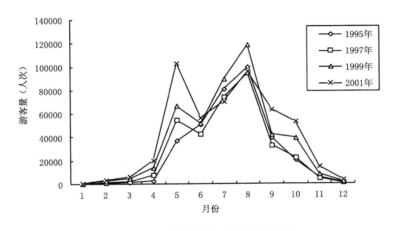

图 2.1　不同年份游客量的季节变化

当前,我国旅游业已经迎来一个发展的全新时代,五台山的旅游业也会有更加长足的发展。

2.3.2　五台山生态旅游发展前景探析

众所周知,旅游开发行为本身是人类对自然生态系统的一种干预,因此,在刺激景区经济增长的同时,旅游开发活动也为景区带来了诸多负面效应,尤其是其与资源保护之间的矛盾(Cole and Spildie,1998;Kelly et al,2003;Ballantyne and Pickering,2012;Ballantyne and Pickering,2013)。这些年来,许多学者就旅游开发对生态、资源、环境等的影响和破坏,进行了深入研究和探讨(Brohman,1996;Green,1998;Li et al,2005;Pickering and Hill,2007;Andreas,2008)。其中,有针对徒步游径和生态环境之间关系的研究(Li et al,2005),也有旅游对野生动物影响以及外来种入侵方面的研究(Buckley et al,2000;Leung and Marion,2000;Marion and Leung,2001),然而,在这些研究中,旅游对植被的干扰和破坏更受到研究者们的关注(Pickering and Hill,2007;Zhang et al,2012;Mason et al,2015),因为景区植被的优劣程度,直接、客观地反映了生态环境的好坏。总体来看,这类研究主要包括几个方面,首先是旅游活动对旅游景区物种、景观、生物群落等的内在影响和破坏,例如,Tzatzanis 等(2003)利用生物多样性和指示种,估算景观价值,从而在一定程度上揭示了景观和植被对于旅游干扰过程的反馈。Ballantyne and Pickering（2015）则应用系统的文献综述方法论,详细探讨了旅游对不同生境、群落、植物种等方面的干扰。Stevens(2003)也曾经详细阐述了尼泊尔珠峰地区经过几十年的旅游发展,对当地植被的影响,如森林资源的不断锐减、高山植被的踩踏、生物多样性的降低等。其次,还有学者将不同游憩方式对植被的干扰进行了分析和比较。例如,Törn 等(2009)比较了北芬兰不同森林类型中徒步、骑马和滑雪运动对游径和植被的影响;Pickering 等(2010)的研究中发现骑马、山地自行车和徒步旅游三种不同游憩方式导致植被高度降低,生物量减少,土壤生态环境遭到破坏,其中,徒步旅行和山地自行车这类游憩方式,对亚高山草甸也有较大影响,草甸高度、盖度、多样性下降,物种组成也有所改变(Pickering et al, 2011)。

五台山作为世界遗产地,旅游业发展势头强劲,但同样遭受与世界其他景区相同的状况,近年来,持续不断的旅游开发行为也已经导致了五台山植被一定程度的影响和破坏(牛莉芹和程占红,2011,2012b,2018)。生态旅游概念经 1992 年传入中国,经过 20 多年的发展,已经产生一定的影响,引领大众向着可持续、生态文明、产品创新、社区和谐以及环境保护有示范作用等的旅游方向发展(钟林生和陈田,2013)。而且,近年来,学者们针对生态旅游发展问题,从许多不同的角度进行了深入的探析(钟林生 等,2016),因此,在目前生态旅游日趋时尚的情势下,研究五台山生态旅游业的发展具有重要的现实意义 。从实地调查和植被生态反馈的研究成果来看,根据五台山自身特点以及旅游发展需求,未来五台山生态旅游发展须注意以下几个方面。

第一,五台山应以发展自然生态旅游和宗教生态旅游产品为特色。五台山生态旅游资源十分丰富,主要有寺庙景观、台顶风光 、革命历史遗迹和社会文化类资源。但长期以来,五台山未能深入挖掘旅游产品特色,仅仅发展大众旅游产品,特色不突出。在当前社会对旅游产品需求趋旺的情况下,与同类旅游区相比,五台山应根据自己的优势,确立鲜明的旅游产品特色,紧紧围绕生态旅游做文章,打好自然生态旅游和宗教生态旅游两张牌。生态旅游的对象是纯粹的自然景观以及人与自然和谐的文化生态系统。五台山号称"华北屋脊",有着天然的北国风光,是开展自然生态旅游的好去处。同时,五台山又是佛教圣地,有着诸多的人文生态旅游资源,适宜开展宗教生态旅游。宗教生态旅游是在宗教旅游和生态旅游结合的基础上发展起来的,以滇西北香格里拉的宗教生态旅游为开始(侯冲,2000;杨桂华,2004)。宗教旅游的生态性表现在两个方面,一是旅游客体提供的优美环境和神圣肃穆的氛围,二是旅游主体的虔诚心理和主动接受(方百寿,2001)。佛教文化是一种人与自然和谐的文化,体现"天人合一"的生态观,五台山作为佛教圣地,汉传佛教和藏传佛教并存,适宜开展宗教生态旅游。生态旅游不仅仅是游客身体的"回归自然"，更是一种精神的"回归"，是一种精神消费。在五台山，这两类生态旅游资源相得益彰。

随着科学技术的迅猛发展，人类面临生存环境的危机。这些矛盾和冲突，已非科学技术的发达和经济的发展就能彻底解决，而宗教的生态观也许还是拯救人类自身及地球文明的一条途径。宗教生态旅游的目的在于寓"教"于游，因而开展宗教生态旅游，其意义并不在于旅游的经济效益，也不完全在于生态保护，而在于净化人心，在于有益于人类精神品格的自我完善。换句话说，开展宗教生态旅游，其意义不只是局限于眼前，更多的是着眼于未来，着眼于 21 世纪的人类文明（杨桂华，2004）。

第二，五台山旅游发展目标应该严格遵守世界遗产公约。2009 年五台山作为世界文化景观遗产，成功列入《世界遗产名录》。但是，在五台山长期的旅游开发中，没有坚持功能分区的原则，有超载开发以及错位开发现象发生。因此，当前五台山必须遵守世界遗产公约，停止一切盲目开发的行为，制止在核心区搞任何商业性建设，坚持"台内游，台外住"的原则，重新进行功能分区。同时，采取控制措施，避免某些景区超载运行。

第三，五台山发展生态旅游，应该重视生态环境建设。从已有的研究成果来看（程占红和吴必虎，2006），无论是台怀镇周围的植被景观格局，还是山地草甸的生态格局，其实都是规划不合理造成的。就台怀镇而言，它集中了诸多的佛教景观，是中心旅游景区，旅游发展的目标就是营造旅游氛围，而不应建设成为旅游服务区。当前应当改变这种功能开发的错位，在佛教寺庙景观周围搞好绿化工作，以营造庄严肃穆的宗教氛围。对于当地的居民，可以在沟谷地带进行农业生产，但禁止在坡地开垦农田，实施退耕还林（草）工程，以保持佛教对神山的崇拜。这样不仅有利于植被建设，而且也体现了一种和谐的氛围。

就山地草甸而言，海拔较高，自然条件恶劣，人类活动的干扰最容易打破自然生态系统的生态平衡，因此旅游开发必须适度进行，甚至限制在生态脆弱的部分区域搞旅游开发。这种适度不仅应体现在限制游客量上，而且还应在旅游开发的措施上加以限制，比如禁止汽车进入草甸带，提倡游客徒步旅行，禁止在台顶修建各种旅游设施等。这样一方面可以减少旅游干扰的强度，另一方面又可以保持佛教徒超脱世俗、处于旷空清静的境界。

第四，五台山发展生态旅游，应该做好旅游社区建设。旅游社区的建设其实就是解决社区人民的生存和发展问题。生态旅游资源之所以能够得以保存下来，它是以牺牲社区人民的生存利益为代价的。只有切实搞好社区的建设，才能为生态旅游资源的保护提供可靠的动力来源。目前五台山旅游区主要以台怀镇为主，台怀镇共有常驻人口 5800 余人。在实际调查中，仅有旅游中心区附近的台怀村、杨柏峪、杨林街、新坊村、东庄和窑子村等村庄从旅游业中受益，距离较远的村庄受益很少甚至没有。因此，政府首先应创造条件，使不同区位的社区群众能够参与旅游经营,处理好不同距离远近的社区群众之间的利益冲突;其次,应制定有关规章制度,做到有法可依,同时还要实现各种政策的透明化,以保障公平性;最后,应加强管理,规范社区群众的旅游经营行为,提高他们的自身素质,使社区群众不仅能够处理好他们之间的相互关系,而且也能与游客保持一种友好的关系。社区发展的目标就是要实现社区群众的共同富裕。

第 3 章　旅游干扰下景区景观特征的变化

通过景观要素的基本特征和景观多样性的计算可以评价研究区域景观生态发生的变化。以往学者借助遥感和 GIS 等技术手段,一般针对矿区、农牧交错带和自然保护区等特定区域的景观格局变化进行探讨(陈涛和陈守贵,2011;屈佳 等,2011;宋先先 等,2011),针对风景名胜区景观生态变化的研究则比较少见。本章主要针对五台山风景名胜区旅游开发影响下景观要素的基本特征和多样性进行分析,以期从宏观角度揭示五台山景区景观特征在旅游干扰下生态特征的变化。

3.1　景观多样性变化研究方法

3.1.1　遥感、GIS 在数据获取中的应用

本章选取 1980 年、1990 年和 2005 年分别作为旅游开发的不同时间段(开发之前、开发中期和近期),以五台山景区上述 3 个年份的美国陆地卫星(Landsat)的 MSS 影像及 TM 影像为数据源进行景观分类,其中 MSS 影像空间分辨率为 80 m,TM 影像空间分辨率为 30 m,参照研究区 1∶5 万地形图对卫星影像进行几何精校正。再在遥感影像处理软件中根据各类地物的光谱特征建立训练区,对卫星影像进行监督分类,结合野外实地验证,将研究区景观类型分为有林地景观、疏林地景观、灌木林地景观、草地景观、裸地景观、滩地景观、耕地景观、居民用地景观和建设用地景观 9 种景观要素。以这 9 种景观要素为基础,利用 ArcGIS软件中的地统计学分析功能,提取每个斑块的特征信息,建立了包含 9 种景观要素的斑块数量、斑块面积、斑块周长等属性信息的基本数据库。这些属性信息是本章进行计算的基础。在此基础上,利用景观生态学的有关指数(包括描述景观要素特征的指标和景观要素

多样性指数),研究五台山景区在不同时间段所表现出的景观特征,用以比较旅游干扰下景观所产生的生态变化。

3.1.2 景观多样性变化统计计算

本章对景观要素基本特征进行分析的指标主要有斑块数、总周长、周长比例、总面积和面积比例。对于这 5 种指标的计算比较简单,不再说明。对于景观要素多样性的分析,主要采用丰富度指数、均匀度指数、多样性指数和优势度指数,它们的计算公式如下(张金屯 等,2000)。

(1)Margalef 丰富度指数:$R = \dfrac{(m-1)}{\ln A}$

式中,m 为景观要素的数目,A 为景观要素的总面积。

(2)Pielou 均匀度指数:$E = \dfrac{H}{\ln(m)}$

式中,H 为 Shannon-Wiener 多样性指数。

(3)Shannon-Wiener 多样性指数:$H = -\sum\limits_{i=1}^{m}(P_i)\ln(P_i)$

式中,$P_i = A_i/A$;A_i 为景观要素 i 的面积。

(4)景观优势度指数:$A = H_{\max} + \sum\limits_{i=1}^{m}(P_i)\ln(P_i)$

式中,$H_{\max} = \ln(m)$,为最大多样性指数。

景观生态学强调尺度问题,因此,数据的单位不同,各类指数的大小也可能不相同。在本章中,周长的单位用 m,面积的单位用 hm^2。

3.2 景观要素的特征及多样性

3.2.1 景观要素的基本特征

关于五台山景区在不同年份景观要素的基本特征分别见表 3.1、表 3.2 和表 3.3。由这些表可知,在斑块总数上,25 年来共增加斑块 71 个,除滩地、耕地和灌木林地没有变化外,建设用地增加最多,共增加 38 个,其次是居民用地,共增加 21 个,林地增加 2 个斑块,疏林地、草地和裸地各增加 1 个斑块。目前按照斑块数的多少排列,各景观的顺序为:疏林地>草地>林地>灌木林地>居民用地>建设用地>耕地>裸地>滩地。

表 3.1　1980 年五台山风景名胜区景观要素的基本特征

	斑块数 (n)	总周长 (m)	周长比例 (%)	总面积 (hm²)	面积比例 (%)
林地景观	126	568307.0	14.62	9430.0	15.09
疏林地景观	207	617816.0	15.89	6492.7	10.39
灌木林地景观	123	474862.0	12.21	6184.4	9.89
草地景观	144	1963862.3	50.51	38647.8	61.83
裸地景观	27	34345.9	0.88	176.9	0.28
滩地景观	6	26699.8	0.69	116.0	0.19
耕地景观	37	156633.0	4.03	1264.2	2.02
居民用地景观	40	29116.5	0.75	120.5	0.19
建设用地景观	14	16165.8	0.42	76.8	0.12
合计	724	3887808.0	100.00	62509.3	100.00

表 3.2　1990 年五台山风景名胜区景观要素的基本特征

	斑块数 (n)	总周长 (m)	周长比例 (%)	总面积 (hm²)	面积比例 (%)
林地景观	135	599495.1	15.20	9425.0	15.08
疏林地景观	208	618663.0	15.69	6497.9	10.40
灌木林地景观	123	474841.6	12.04	6184.6	9.89
草地景观	144	1970767.9	49.98	38596.9	61.75
裸地景观	28	35455.2	0.90	181.0	0.29
滩地景观	6	26699.8	0.68	116.0	0.19
耕地景观	37	156994.0	3.98	1261.8	2.02
居民用地景观	53	38417.2	0.97	153.2	0.25
建设用地景观	23	21564.2	0.55	93.4	0.15
合计	757	3942898.0	99.99	62509.8	100.02

表 3.3　2005 年五台山风景名胜区景观要素的基本特征

	斑块数 (n)	总周长 (m)	周长比例 (%)	总面积 (hm²)	面积比例 (%)
林地景观	135	600264.2	15.04	9419.1	15.07
疏林地景观	208	620116.1	15.54	6491.4	10.38
灌木林地景观	123	476422.4	11.94	6171.6	9.87
草地景观	145	1984897.5	49.75	38514.0	61.61
裸地景观	28	35455.2	0.89	181.0	0.29
滩地景观	6	26699.8	0.67	116.0	0.19
耕地景观	37	157577.9	3.95	1257.1	2.01
居民用地景观	61	42823.0	1.07	165.0	0.26
建设用地景观	52	45611.9	1.14	194.5	0.31
合计	795	3989868.0	99.99	62509.7	99.99

在斑块总周长上,25 年来共增加 102 060 m,除滩地没有变化外,不同景观的斑块总周长增加量的顺序依次是:林地>建设用地>草地>居民用地>疏林地>灌木林地>裸地>耕地。目前按照总周长的多少排列,各景观的顺序为:草地>疏林地>林地>灌木林地>耕地>建设用地>居民用地>裸地>滩地。

在斑块周长所占的比例上,除滩地和裸地几乎没有变化之外,建设用地的比例增加最多,其增长幅度为 0.72,其次为林地和居民用地,其比例分别增加 0.42 和 0.32。而草地的比例减少最多,其减小的幅度为 0.76,其次是疏林地和灌木林地,其比例分别减小 0.35 和 0.27,耕地的比例也减少 0.08。按照目前斑块周长所占的比例看,草地>疏林地>林地>灌木林地>耕地>建设用地>居民用地>裸地>滩地。

在斑块总面积上,除滩地没有变化外,建设用地的面积增加最多,25 年来共增加 117.7 hm²,其次是居民用地增加 44.5 hm²,裸地增加 4.1 hm²。而草地面积减少得最多,达 133.8 hm²,其次是灌木林地、林地、耕地和疏林地,其分别减少 12.8 hm²、10.9 hm²、7.1 hm² 和 1.3 hm²。目前按照总面积的多少排列,各景观的顺序为:草地>林地>疏林地>灌木林地>耕地>建设用地>裸地>居民用地>滩地。

在斑块面积所占的比例上,除滩地没有变化外,建设用地的面积比例增加最多,25 年来其比例增加 0.19,居民用地和裸地的面积比例分别增加 0.07 和 0.01。而草地的面积比例减少 0.22,灌木林地和林地的比例均减少 0.02,疏林地和耕地的比例均减少 0.01。按照目前斑块面积所占的比例看,草地>林地>疏林地>灌木林地>耕地>建设用地>裸地>居民用地>滩地。

3.2.2　景观要素的多样性

景观丰富度、均匀度、多样性、优势度指数是对景观异质性的定量化描述和分析,其计算结果见表 3.4 所示。

表 3.4　五台山风景名胜区景观要素的多样性指数

年份	丰富度指数	均匀度指数	多样性指数	最大多样性指数	景观优势度指数
1980	1.7372	0.5343	1.1739	2.1972	1.0233
1990	1.7371	0.5368	1.1795	2.1972	1.0177
2005	1.7372	0.5407	1.1881	2.1972	1.0091

多样性指数用来表示景观要素的复杂程度,是丰富度和均匀度的综合指标。多样性指数值的大小反映了景观要素的多少和各景观要素所占比例的变化(张涛 等,2002),即景观

要素的数目越大,多样性指数越大;不同景观要素分布越均匀,多样性指数越大。当景观是由单一要素构成,而且景观是均质的,其多样性指数为 0;由两个以上要素构成的景观,当各景观要素所占比例相等时,其景观的多样性指数为最大,即 $H_{max}=\ln(m)$。当人为干扰活动增加时,将会导致景观多样性的下降。而均匀度指数则是描述不同景观要素的分配均匀程度,它是要素多样性指数与最大多样性指数的比值。

从表 3.4 可以看出,五台山景区在不同时期的三种多样性指数有一定的变化,但是变化不大。其中,丰富度指数几乎没有任何变化,均匀度指数和 Shannon-Wiener 多样性指数表现出逐步增加的趋势,25 年来两种指数分别增加了 0.0144 和 0.0142。这说明 25 年来旅游干扰对景观丰富度没有太多的影响,但是对景观均匀度和多样性有一定的影响。2005 年五台山的景观要素多样性指数 $H=1.1881$,与最大多样性指数 $H_{max}=2.1972$ 相比,其值并不算高,这说明在五台山景区的各种景观要素所占比例差别较大,整体景观多样性程度不太高。这与丰富度指数 $R=1.7372$ 和均匀度指数 $E=0.5407$ 略低有关。因为多样性指数是丰富度指数与均匀度指数的综合指标,当二者不高时,自然会影响整个区域内的景观多样性指数。从上述分析可以看出,在 9 种景观要素中,草地的景观面积最大,为 38 514 hm^2,最小的是滩地,面积仅为 116 hm^2,面积极差达到了 38 398 hm^2,两者相差悬殊。五台山整个区域内景观要素面积分配相差很大,所以景观要素的均匀度和多样性并不高。

至于景观优势度,它是用来表示景观要素多样性对最大多样性的偏离程度或描述景观由少数几个主要的景观要素控制的程度,它与多样性指数成反比。优势度越大,表明偏离程度越大,即组成景观的各景观要素所占的比例差异大,或者说某一种或少数景观占优势;优势度小,表明偏离程度小;优势度为 0,表示组成景观的各景观要素所占的比例相等。

同时,从表 3.4 中可以看出,五台山景区在不同时期的景观优势度指数呈逐渐减小的趋势,25 年来减少 0.0142,这说明旅游干扰对景观优势度也有一定的影响。2005 年五台山的景观优势度指数 $A=1.0091$,景观要素的优势度比较高,表明有少数景观要素居主导地位,优势度高而均匀度、多样性下降。其中,草地景观占总面积的 61.61%;而面积最小的滩地仅占总面积的 0.19%。这说明各景观要素所占比例差异较大,所以优势度会有相应提高。

实际上,从计算公式可以看出,均匀度与优势度存在下列关系,即:$A=(1-E)\ln(m)$,对于特定的研究区域,其 $\ln(m)$ 的值是一定值,所以均匀度的指示意义与优势度在生态学上是相反的,这两个指标可以彼此验证,以上的分析是符合这一规律的。

3.3 本章小结

从景观要素的基本特征看,在不同时期五台山景区各景观之间有一定的变化。其中,与人为干扰密切相关的建设用地和居民用地,在斑块总数、斑块总周长及其所占的比例、斑块总面积及其所占的比例上,其增加幅度都较大。而草地、灌木林地和疏林地等自然景观的斑块,其在斑块周长所占的比例上、斑块总面积及其所占的比例上,都有所减小。其中,草地面积减少得最多。这说明旅游活动的开展使得自然景观的斑块有所减小,而各种旅游用地有所增多。从宏观上看,2005年五台山风景名胜区疏林地的斑块数最多,草地的斑块总周长和总面积均最大,形成以草地、林地、疏林地和灌木林地为主的自然景观占优势,说明近期旅游开发的干扰作用还相对有限,具有局部性,仅仅发生在人类活动集中的区域。

从景观要素的丰富度指数、均匀度指数、多样性指数和优势度指数上看,这些指数在不同年份间变化都较小,说明25年来旅游活动对五台山景区景观有一定的影响,但影响程度不大。近期五台山整个区域各景观要素所占比例差异也较大,因而均匀度指数较低,优势度指数较高,表明有少数景观要素居主导地位,景观整体较为完整,受人为干扰较小。

第 4 章 旅游干扰下森林植被的生态识别

在旅游干扰作用下,植被景观会表现出不同的生态特征。在准确计量和表达森林群落的生态响应之前,必须首先从总体上识别森林植被的类型以及它们与不同限制因子之间的生态关系。数量分类和排序是研究群落之间生态关系的重要手段,二者的结合使用可以深刻揭示植物种、植物群落与环境之间的生态关系(张金屯,2004)。本章通过实地生态学调查取样,利用 TWINSPAN、DCA 和 CCA 等数量分析手段,系统研究森林植被在旅游"干扰"和"非干扰"作用下的分布规律及其与各种因子的相互关系,从而揭示群落内在的生态学机制,以期对旅游干扰下森林植被的生态响应有一个总体认识。

4.1 样地设置及生态学调查

五台山台怀镇旅游活动相对集中,本章内容选取该区域作为"干扰区"取样地,并以其核心标志——塔院寺作为中心点,沿周边 8 个方位(南、北、东、西、西南、东北、西北和东南),采用样带与样地相结合的方式进行取样,"干扰区"共设置样地 40 个。具体取样遵循两个原则:第一,只取森林植被样地,不计灌木和草本群落,取样的最远距离以实地植被几乎未受到旅游干扰为止,以最大可能包括不同干扰程度的森林植被;第二,在不同方向上设立 8 条样带,在每条样带上大致以每隔 100 m 的实际距离取一样地。正东方向沿原来的镇政府、黛螺顶一线;东北方向沿罗睺寺、营坊街、七佛寺、碧山寺一线;正北方向沿显通寺、菩萨顶、草地村一线;西北方向沿西沟村、寿宁寺一线;正西方向沿三塔寺一线;西南方向沿殊像寺一线;正南方向沿新台怀、梵仙山、杨柏峪、镇海寺、白云寺一线;东南方向沿万佛阁、普化寺一线。取样范围以台怀镇为中心,基本包含了不同方向上不同旅游干扰程度的森林植被景观,从样地设置情况来看,基本满足本研究的需求。

　　五台山水帘洞、南梁沟华坪和繁峙县宽滩乡二茹兰火地等区域自然环境相对原始,人为干扰稀少,均为天然次生林,本书选取这些区域作为"非干扰区"取样地,随海拔梯度差异设置样地并进行生态学调查,海拔梯度范围为 1520～2580 m,共设置样地 36 个。取样同样遵循两个原则:第一,在取样过程中,只取森林群落,遇有灌木和草本群落不予记录,同时排除受人为影响明显的植被样带;第二,每垂直间隔 20 m 设置一条样带,每条样带取 1～4 个样地。

　　以上"干扰区"和"非干扰区"两个不同研究区域共获取样地 76 个,其面积设置为:草本样地 1 m×1 m,乔木样地 10 m×10 m,灌木样地 4 m×4 m,所有样地均进行相关生态学调查,同时测量、统计所有植物种的盖度、高度、多度等指标,并详实记录实地调查数据。具体如下:先测量每个样地的海拔高度、坡度、坡向和距离;再测量植被层盖度及植物种的盖度和高度,乔木还包括多度、胸径和冠幅;最后记录垃圾数量、枯枝落叶层和腐殖层厚度、乔木死枝离地面高度、幼苗量及折枝损坏现象等指标。"干扰区"和"非干扰区"共调查记录 159 个植物种(包括 5 种乔木幼树计入灌木层,1 个乔木幼苗(五角枫幼苗)计入草本层),组成 76×159 的原始数据矩阵,具体植物种名及其序号见表 4.1。本书选取 100 个盖度＞5％的植物种用于后续的植物种差异分析。

4.2　森林植被类型及特征变化研究方法

4.2.1　植物种重要值

　　植物种的数据采用重要值综合指标,对每个样地分别计算其乔木、灌木和草本植物的重要值(Important value),各重要值计算如下(张金屯,2004):

乔木重要值＝(相对盖度＋相对高度＋相对优势度)/300

灌木重要值＝(相对盖度＋相对高度)/200

草本重要值＝相对盖度/100

其中:

$$相对盖度＝\frac{某一种盖度}{同一样带上全部样地内的所有种盖度之和}×100$$

$$相对高度＝\frac{某一种的平均高度}{同一样带上全部样地内的所有种的平均高度之和}×100$$

$$相对优势度＝\frac{某一种的平均胸面积×株数}{同一样带上全部样地内的所有种平均胸面积×株数之和}×100$$

表 4.1　植物种名及序号

植物种序号	种名	拉丁名	植物种序号	种名	拉丁名
1	华北落叶松	Larix principis-rupprechtii	21	巧玲花	Syringa pubescens subsp. microphylla
2	白桦	Betula platyphylla	22	美蔷薇	Rosa bella
3	辽东栎	Quercus wutaishanica	23	土庄绣线菊	Spiraea pubescens
4	色木槭	Acer mono	24	迎红杜鹃	Rhododendron mucronulatum
5	山杨	Populus davidiana	25	刚毛忍冬	Lonicera hispida
6	山柳	Salix pseudotangii	26	山刺玫	Rosa davurica
7	榆树	Ulmus pumila	27	红丁香	Syringa villosa
8	臭冷杉	Abies nephrolepis	28	杭子梢	Campylotropis macrocarpa
9	白杆	Picea meyeri	29	卫矛	Euonymus alatus
10	青杆	Picea wilsonii	30	四川忍冬	Lonicera szechuanica
11	青杨	Populus cathayana	31	东北茶藨子	Ribes mandshuricum
12	山杏	Armeniaca vulgaris	32	鼠李	Rhamnus davurica
13	油松	Pinus tabuliformis	33	大花溲疏	Deutzia grandiflora
14	毛榛	Corylus mandshurica	34	华北珍珠梅	Sorbaria kirilowii
15	陕西荚蒾	Viburnum schensianum	35	三裂绣线菊	Spiraea trilobata
16	多花胡枝子	Lespedeza floribunda	36	胡枝子	Lespedeza bicolor
17	六道木	Abelia biflora	37	水栒子	Cotoneaster multiflorus
18	小叶忍冬	Lonicera microphylla	38	虎榛	Ostryopsis davidiana
19	金花忍冬	Lonicera chrysantha	39	沙棘	Hippophae rhamnoides
20	沙梾	Swida bretschneideri	40	灰栒子	Cotoneaster acutifolius

续表

植物种序号	种名	拉丁名	植物种序号	种名	拉丁名
41	黄芦木	Berberis amurensis	61	无芒雀麦	Bromus inermis
42	辽东栎幼树	Young trees of Quercus wutaishanica	62	风毛菊	Saussurea japonica
43	椴树幼树	Young trees of Acer truncatum	63	双花堇菜	Viola biflora
44	青杨幼树	Young trees of Populus cathayana	64	峨参	Anthriscus sylvestris
45	五角枫幼树	Young trees of Acer mono	65	黄精	Polygonatum sibiricum
46	山柳幼树	Young trees of Salix pseudotangii	66	山韭	Allium senescens
47	山蒿	Artemisia brachyloba	67	小红菊	Dendranthema chanetii
48	唐松草	Thalictrum aquilegifolium var. sibiricum	68	茖葱	Allium victorialis
49	玉竹	Polygonatum odoratum	69	穿龙薯蓣	Dioscorea nipponica
50	冷蕨	Cystopteris fragilis	70	糙隐子草	Cleistogenes squarrosa
51	披针薹草	Carex siderosticta	71	费菜	Sedum aizoon
52	舞鹤草	Maianthemum bifolium	72	草芍药	Paeonia obovata
53	蓬子菜	Galium verum	73	烟管头草	Carpesium cernuum
54	地榆	Sanguisorba officinalis	74	珠芽蓼	Polygonum viviparum
55	糙苏	Phlomis umbrosa	75	对叶兰	Listera puberula
56	东方草莓	Fragaria orientalis	76	卷耳	Cerastium arvense
57	歪头菜	Vicia unijuga	77	平车前	Plantago depressa
58	牛扁	Aconitum barbatum var. puberulum	78	野艾蒿	Artemisia lavandulaefolia
59	猪殃殃	Galium aparine var. tenerum	79	远志	Polygala tenuifolia
60	小花草玉梅	Anemone rivularis var. flore—minore	80	铁杆蒿	Artemisia sacrorum

续表

植物种序号	种名	拉丁名	植物种序号	种名	拉丁名
81	苍术	*Atractylodes lancea*	101	节节草	*Equisetum ramosissimum*
82	轮叶马先蒿	*Pedicularis verticillata*	102	藜芦	*Veratrum nigrum*
83	蓝花棘豆	*Oxytropis caerulea*	103	柳兰	*Epilobium angustifolium*
84	龙芽草	*Agrimonia pilosa*	104	鹿蹄草	*Pyrola calliantha*
85	硬质早熟禾	*Poa sphondylodes*	105	大火草	*Anemone tomentosa*
86	毛茛	*Ranunculus japonicus*	106	米口袋	*Gueldenstaedtia verna subsp. multiflora*
87	红柴胡	*Bupleurum scorzonerifolium*	107	蓝刺头	*Echinops latifolius*
88	铃铃香青	*Anaphalis hancockii*	108	石竹	*Dianthus chinensis*
89	大丁草	*Gerbera anandria*	109	葛缕子	*Carum carvi*
90	鼠掌老鹳草	*Geranium sibiricum*	110	并头黄芩	*Scutellaria scordifolia*
91	鼠麴草	*Gnaphalium affine*	111	角蒿	*Incarvillea sinensis*
92	华北蓝盆花	*Scabiosa tschiliensis*	112	繁缕	*Stellaria media*
93	山野豌豆	*Vicia amoena*	113	升麻	*Cimicifuga foetida*
94	五角枫苗	Tree seedling of *Acer mono*	114	大针茅	*Stipa grandis*
95	秦艽	*Gentiana macrophylla*	115	阿尔泰狗娃花	*Heteropappus altaicus*
96	北乌头	*Aconitum kusnezoffii*	116	紫羊茅	*Festuca rubra*
97	假报春	*Cortusa matthioli*	117	铃兰	*Convallaria majalis*
98	橐吾	*Ligularia sibirica*	118	北柴胡	*Bupleurum chinense*
99	林风毛菊	*Saussurea sinuata*	119	委陵菜	*Potentilla chinensis*
100	紫菀	*Aster tataricus*	120	冰草	*Agropyron cristatum*

续表

植物种序号	种名	拉丁名	植物种序号	种名	拉丁名
121	草木樨	Melilotus officinalis	141	画眉草	Eragrostis pilosa
122	鹅观草	Roegneria kamoji	142	芦苇	Phragmites australis
123	黄花蒿	Artemisia annua	143	野亚麻	Linum usitatissimum
124	南苜蓿	Medicago polymorpha	144	茅莓	Rubus parvifolius
125	牡蒿	Artemisia japonica	145	黄花铁线莲	Clematis intricata
126	香薷	Elsholtzia ciliata	146	茜草	Rubia cordifolia
127	线叶蒿	Artemisia subulata	147	龙须菜	Asparagus schoberioides
128	车前	Plantago asiatica	148	瞿麦	Dianthus superbus
129	旋覆花	Inula japonica	149	高山蓼	Polygonum alpinum
130	碱茅	Puccinellia distans	150	展枝唐松草	Thalictrum squarrosum
131	防风	Saposhnikovia divaricata	151	鳞叶龙胆	Gentiana squarrosa
132	瓣蕊唐松草	Thalictrum petaloideum	152	白毛羊胡子草	Eriophorum vaginatum
133	白羊草	Bothriochloa ischaemum	153	长芒草	Stipa bungeana
134	山鹤虱草	Silene jenisseensis	154	华北耧斗菜	Aquilegia yabeana
135	白花草木樨	Melilotus albus	155	山丹	Lilium pumilum
136	野青茅	Deyeuxia arundinacea	156	三花菸	Caryopteris terniflora
137	狗尾草	Setaria viridis	157	抱草	Melica virgata
138	胡萝卜	Daucus carota var. sativa	158	复盆子	Rubus idaeus
139	细叶沙参	Adenophora paniculata	159	达乌里胡枝子苗	Tree seedling of Lespedeza dauria
140	蒲公英	Taraxacum mongolicum			

4.2.2 坡向记录

海拔高度、坡度以及在干扰区距大白塔的距离均利用实际测量数据。坡向的原始记录是以朝东为起点（即为 0°），顺时针旋转的角度表示。数据处理时采取每 45°为一个区间的划分等级制的方法，以数字表示各等级："1"表示北坡（247.5°～292.5°），"2"表示东北坡（292.5°～337.5°），"3"表示西北坡（202.5°～247.5°），"4"表示东坡（337.5°～22.5°），"5"表示西坡（157.5°～202.5°），"6"表示东南坡（22.5°～67.5°），"7"表示西南坡（112.5°～157.5°），"8"表示南坡（67.5°～112.5°）。显然，数字越大，表示越向阳，越干热（邱扬和张金屯，1999）。

4.2.3 旅游影响系数

在生态学数据采集的同时，详细记录垃圾数量、枯枝落叶层和腐殖层厚度、乔木死枝下高、折损现象等，用于评价植被的践踏以及计算旅游影响系数等。

旅游影响系数（Tourism influencing index，简称 TII）指旅游活动对植被景观的干扰程度。TII 越大，说明旅游破坏强度越强，旅游管理质量越差。旅游影响主要包括垃圾、践踏、折枝损坏现象等，其计量采用分级赋值方式进行，即：$TII = Cr + Cd + Cw + Ct + Cv$，$Cr$ 为垃圾影响系数（rubbish index）；Cd 为折枝影响系数（damaging branches index），利用折枝损坏现象的处数来表示，折枝损坏现象愈严重，旅游影响程度愈强；Cw 为林木更新影响系数（woods regenerating index），利用树木幼苗量表示，幼苗越多，生态环境质量愈好，林木更新程度愈强，旅游影响程度愈小；Ct 为践踏影响系数（treading index），利用枯枝落叶层和腐殖层厚度、践踏面积来说明践踏程度，厚度愈大，影响程度愈小，而践踏面积愈大，影响程度愈大；Cv 为植被现状系数（vegetation situation index），利用植被的一些现状特点来表示。5 个指标的赋值方式分别见表 4.2 和表 4.3（两级间适当浮动）（程占红，2015）。

表 4.2 垃圾、折枝和林木更新影响系数的赋值

垃圾（件）		折枝损坏现象（处）		幼苗量（个）	
标准	赋值	标准	赋值	标准	赋值
1～5	0.1	1～3	0.1	0	1.0
5～10	0.2	3～6	0.2	1	0.9
10～15	0.3	6～9	0.3	2	0.8
15～20	0.4	9～12	0.4	3	0.7

续表

垃圾(件)		折枝损坏现象(处)		幼苗量(个)	
标准	赋值	标准	赋值	标准	赋值
20~25	0.5	12~15	0.5	4	0.6
25~30	0.6	15~18	0.6	5	0.5
30~35	0.7	18~21	0.7	6	0.4
35~40	0.8	21~24	0.8	7	0.3
40~45	0.9	24~27	0.9	8	0.2
>45	1.0	>27	1.0	>8	0.1

表 4.3　践踏和植被现状系数的赋值

践踏状况		植被现状	
标准	赋值	标准	赋值
枯层在 3 cm 以上,没有明显的践踏痕迹	0.1	植物种类、构造和形态上有趣且富于变化,层次分明,林分成熟,乔木密度占绝对优势,苔藓植物较多,盖度在 20% 以上	0.1
枯层在 2~3 cm,有明显的践踏痕迹,面积约 5%	0.3	植被层次较分明,植物种类和形态上有趣,稍富于变化,乔木密度稍占优势,但灌木草本数量大增,有大量的苔藓植物	0.3
枯层在 1~2 cm,践踏面积 5%~10%	0.5	层次基本分明,有某些植物种类的变化,但仅有一两种主要形态,灌木草本密度大大增强,有少量的苔藓植物	0.5
枯层在 1 cm 以下,践踏面积在 15% 左右	0.7	植被以灌木和草本层为主,植物种类、形态稍有变化,有少量伴人植物种的出现;或者以单一的优势乔木层为主,但缺少灌木和草本植物。均没有出现苔藓植物	0.7
没有明显的枯层,践踏面积在 20% 以上	0.9	以草本层为主,缺少或没有植物的变化或对照,伴生有大量人为植物	0.9

4.3　森林植被的类型及特征

图 4.1 是 76 个样地的 TWINSPAN 划分结果。图中 N 代表样地数；D 代表划分，即 D1,D2,…分别表示第 1,2,…次划分；＋、－分别代表正负指示种,其前面的数字表示起指示作用的植物种序号,这些指示种有青杨(*Populus cathayana*)、舞鹤草(*Maianthemum bifolium*)、地榆(*Sanguisorba officinalis*)、峨参(*Anthriscus sylvestris*)、小红菊(*Dendranthema chanetii*)、铁杆蒿(*Artemisia sacrorum*)、瓣蕊唐松草(*Thalictrum petaloideum*)、三裂绣线菊(*Spiraea trilobata*)、糙苏(*Phlomis umbrosa*)、硬质早熟禾(*Poa sphondylodes*)、北柴胡(*Bupleurum chinense*)、白杆(*Picea meyeri*)、毛榛(*Corylus mandshurica*)、金花忍冬(*Lonicera chrysantha*)、蓝花棘豆(*Oxytropis caerulea*)、毛茛(*Ranunculus japonicus*)、鹅观草(*Roegneria kamoji*)、角蒿(*Incarvillea sinensis*)、狗尾草(*Setaria viridis*)、榆树(*Ulmus pumila*)、六道木(*Abelia biflora*)、华北蓝盆花(*Scabiosa tschiliensis*)和华北落叶松(*Larix principis-rupprechtii*)等,它们在森林群落分异中起重要作用。由图 4.1 可知,76 个样地被划分为 13 个组(从 Ⅰ 到 ⅩⅢ),分别代表 13 种群丛类型,其中,群丛 Ⅰ—Ⅷ 位于旅游干扰区域,40 个样地(S15 除外)均取自于干扰区；群丛 Ⅸ—ⅩⅢ 位于非干扰的天然次生林区域。13 个群丛类型具体如下：

群丛 Ⅰ：青杨—鹅观草＋角蒿群落(ASS. *Populus cathayana — Roegneria kamoji ＋ Incarvillea sinensis*),包括样地 37、43、44 和 46。

群丛 Ⅱ：华北落叶松＋山杏—沙棘—鹅观草＋铁杆蒿群落(ASS. *Larix principis — rupprechtii ＋ Armeniaca vulgaris — Hippophae rhamnoides — Roegneria kamoji ＋ Artemisia sacrorum*),包括样地 50、51、52 和 60。

群丛 Ⅲ：青杨—草木犀＋蓝刺头群落(ASS. *Populus cathayana — Melilotus officinalis ＋ Echinops latifolius*),包括样地 66。

群丛 Ⅳ：青杨＋青杆—沙棘—地榆＋铁杆蒿群落(ASS. *Populus cathayana ＋ Picea wilsonii — Hippophae rhamnoides — Sanguisorba officinalis ＋ Artemisia sacrorum*),包括样地 40、42、53、55、56、58、61 和 62。

群丛 Ⅴ：华北落叶松＋青杨—蓝花棘豆＋小红菊群落(ASS. *Larix principis-rupprechtii ＋ Populus cathayana — Oxytropis caerulea ＋ Dendranthema chanetii*),包括样地 41、54、57、59、64、67、68、69、70、72、73 和 75。

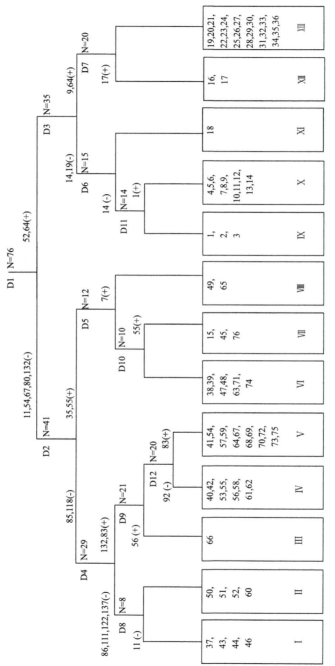

图 4.1　五台山 76 个样地的 TWINSPAN 分类

群丛Ⅵ：青杨—三裂绣线菊＋美蔷薇—披针薹草＋冰草群落（ASS. *Populus cathayana —Spiraea trilobata + Rosa bella —Carex siderosticta + Agropyron cristatum*），包括样地 38、39、47、48、63、71 和 74。

群丛Ⅶ：华北落叶松＋油松—土庄绣线菊—糙苏群落（ASS. *Larix principis-rupprechtii + Pinus tabuliformis —Spiraea pubescens —Phlomis umbrosa*），包括样地 15、45 和 76。

群丛Ⅷ：青杨—三裂绣线菊—糙苏群落（ASS. *Populus cathayana -Spiraea trilobata — Phlomis umbrosa*），包括样地 49 和 65。

群丛Ⅸ：白桦—金花忍冬—披针薹草群落（ASS. *Betula platyphylla — Lonicera chrysantha —Carex siderosticta*），包括样地 1、2 和 3。

群丛Ⅹ：华北落叶松＋山杨—毛榛—唐松草＋披针薹草群落（ASS. *Larix principis-rupprechtii + Populus davidiana—Corylus mandshurica—Thalictrum aquileqifolium var. sibiricum + Carex siderosticta*），包括样地 4、5、6、7、8、9、10、11、12、13 和 14。

群丛Ⅺ：华北落叶松＋山柳—山刺玫—披针薹草群落（ASS. *Larix principis-rupprechtii + Salix pseudotangii—Rosa davurica—Carex siderosticta*），包括样地 18。

群丛Ⅻ：华北落叶松—土庄绣线菊＋六道木—披针薹草＋无芒雀麦群落（ASS. *Larix principis-rupprechti —Spiraea pubescens + Abelia biflora—Carex siderosticta + Bromus inermis*），包括样地 16 和 17。

群丛ⅩⅢ：华北落叶松＋白杆—披针薹草群落（ASS. *Larix principis-rupprechti + Picea meyeri —Carex siderosticta*），包括样地 19、20、21、22、23、24、25、26、27、28、29、30、31、32、33、34、35 和 36。

"干扰区"旅游影响系数见表 4.4,13 个群丛的环境特征见表 4.5。

从研究结果可知,旅游干扰区和非干扰区无论是环境质量还是植物种类均存在差异性。旅游干扰区乔木种主要是青杨,而非干扰区乔木种则主要是华北落叶松。而且,从群落Ⅰ到群落ⅩⅢ,森林植被渐次从旅游干扰区向非干扰区过渡,群落景观的生态质量也相应地从差级向良级过渡,群落总盖度逐渐增大,旅游影响系数逐渐降低(具体数据见表 4.5)。例如,在旅游干扰区域,群落Ⅰ和群落Ⅲ中几乎无灌木层出现,伴人植物种生态优势明显,旅游干扰非常强烈。群落Ⅱ、群落Ⅳ和群落Ⅴ开始逐渐出现灌丛植物,如沙棘(*Hippophae rhamnoides*)、多花胡枝子(*Lespedeza floribunda*)和美蔷薇(*Rosa bella*)等,但盖度较低。此外,在这些区域尽管仍然有伴人植物种出现,但旅游干扰强度有所降低。到群落Ⅵ和群落Ⅶ时,灌木层盖度和种类均有所增加,例如,群落Ⅵ中出现的三裂绣线菊、美蔷薇、迎红杜鹃(*Rhododendron mucronulatum*)、胡枝子(*Lespedeza bicolor*)和虎榛(*Ostryopsis davidiana*)以及群落Ⅶ中出

表 4.4　旅游干扰区 40 个样地的旅游影响系数

样地	旅游影响系数	样地	旅游影响系数	样地	旅游影响系数	样地	旅游影响系数
S37	0.6524	S47	0.3408	S57	0.5123	S67	0.6050
S38	0.3752	S48	0.3220	S58	0.5690	S68	0.5409
S39	0.2258	S49	0.1554	S59	0.6688	S69	0.4548
S40	0.5963	S50	0.3162	S60	0.6405	S70	0.3443
S41	0.2324	S51	0.2001	S61	0.4863	S71	0.2812
S42	0.6398	S52	0.1366	S62	0.3571	S72	0.2215
S43	0.7986	S53	0.5152	S63	0.2618	S73	0.1366
S44	0.7304	S54	0.3277	S64	0.1741	S74	0.2742
S45	0.3126	S55	0.1928	S65	0.9230	S75	0.4074
S46	0.4852	S56	0.6063	S66	0.7592	S76	0.4140

表 4.5　各群丛的环境特征

群丛类型	海拔 (m)	坡度 (°)	坡向*	群丛盖度 (%)	各群丛的分布位置	每个群丛的旅游影响系数平均值
Ⅰ	1520~1585	0~15	1,2,8	65~70	位于台怀镇东南方 1200~1300 m,正南方 3100~3600 m 处	0.6667
Ⅱ	1670~1760	0~18	4,8	70~80	位于台怀镇正西方 700~900 m,东北方 1700 m 左右处	0.3234
Ⅲ	1660	27	4	70	位于台怀镇正北方 800 m 处	0.7592
Ⅳ	1590~1730	15~30	2,4,6,8	70~85	位于台怀镇南方 900 m,西南方 900 m,西北方 600~1000 m,东北方 1300~1500 m 和 1800~1900 m 处	0.4987
Ⅴ	1680~1790	5,15~33	2,4,6,8	75~90	位于台怀镇西南方 1400 m,西北方 900 m,东北方 1400~1900 m 和 2100 m,正北方 900~1500 m,正东向 1100 m 处	0.3855
Ⅵ	1500~1800	15~35	1,2,3,6	75~90	位于台怀镇东南方 1300~1400 m,正南方 3900~4000 m,东北方 2000 m,正北方 1300 m 以及正东方 1000 m 处	0.2973
Ⅶ	1520~1980	20~30	1,2,3	80~100	位于台怀镇正南方 3500 m,正东方 1200 m 处	0.3633
Ⅷ	1500~1650	25~30	4,6	60~95	位于台怀镇正南方 4100 m 和正北方 700 m 处	0.5392
Ⅸ	1520~1550	10~12	4	90~100	分布于台怀镇水帘洞附近区域	—
Ⅹ	1550~1710	10~25	2,6	60,80~95	位于五台山南梁沟	—
Ⅺ	1990	20	1	100	位于五台山南梁沟	—
Ⅻ	1980	20~22	1,6	60,80	位于五台山南梁沟	—
ⅩⅢ	2540~2580	20~35	4	75~95	位于五台山二茄兰火地	—

注：* 坡向的原始记录是以朝东为起点（即为 0°）,顺时针旋转的角度表示。数据处理时采取每 45°为一个区间的划分等级制的方法,以数字表示各等级：1 表示北坡,2 表示东北坡,3 表示西北坡,4 表示东坡,5 表示西坡,6 表示西南坡,7 表示东南坡,8 表示南坡。

现的土庄绣线菊（*Spiraea pubescens*）、山刺玫（*Rosa davurica*）、刚毛忍冬（*Lonicera hispida*）等,尽管这些群落中仍有零星的伴人植物种存在,但旅游干扰程度已经比较微弱。群落Ⅷ的变化比较特别,旅游影响系数较之前有所增大,这可能由于该群落所含样地数目较少(仅有 2 个),导致旅游影响系数计算均值偏高(TIIS49＝0.1554;TIIS65＝0.9230;2 个样地的 TII 均值＝0.5392)。从草本层调查数据的分析结果来看,该区域主要有鹅观草、铁杆蒿、披针薹草(*Carex siderosticta*)、地榆、蓝花棘豆和糙苏等,均是五台山常见植物种。从旅游非干扰区域的分析结果来看,灌木层盖度大,物种丰富,主要有金花忍冬、毛榛、山刺玫、土庄绣线菊等;草本层植物主要是披针薹草,而且,在该区域,有些群落总盖度达到 100%,如群落Ⅺ。

　　从群落其他环境特征来看(表 4.5),坡度、坡向等根据采样设置,随机获取,两个区域的差异不明显。

　　总体来看,随着群落由干扰区向非干扰区过渡,森林群落的结构也从人为性和简单性向原生性和复杂性转变。在旅游干扰区域,从群落Ⅰ到群落Ⅷ,伴随旅游干扰程度的不断减弱,青杨和华北落叶松群落各自向良性、稳定的群落演替,群落物种多样性逐渐丰富,结构也趋于复杂和完整。在非干扰区域,从群落Ⅸ到群落ⅩⅢ,海拔不断升高,除群落Ⅸ外(Ⅸ为白桦(*Betula platyphylla*)群落),华北落叶松群落逐步向顶极群落演替。

4.4　主要植物种的类型及其特征

　　由图 4.2 可知,TWINSPAN 将 100 个主要植物种(所有植物种名见表 4.1)分成 5 个生态种组。其中,Ⅰ组和Ⅱ组的植物种主要分布于旅游干扰区,而Ⅳ组和Ⅴ组的植物种则主要分布于非干扰区,而且,从Ⅰ组过渡到Ⅴ组,生态环境质量不断向良性发展。Ⅲ组植物种在旅游干扰区和非干扰区均有分布。例如,糙苏、东方草莓(*Fragaria orientalis*)、费菜(*Sedum aizoon*)等经常出现在旅游干扰区域,而榆树(*Ulmus pumila*)、迎红杜鹃(*Rhododendron mucronulatum*)等则经常出现在非干扰区域。因此,Ⅲ组植物种是一些从旅游干扰区向非干扰区过渡的一些植物种。从以上分析结果可知,主要植物种和 13 个群落的分类图有较大相关性,表现出大致相同的变化规律,由此可以推断,植物种的生态分布与植物群落类型的构建和分布有着密切的生态关联。

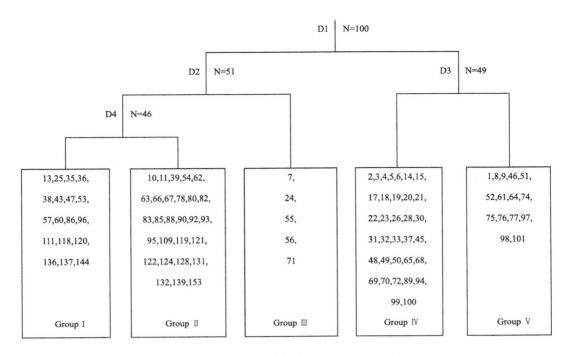

图 4.2　100 个主要植物种的 TWINSPAN 分类

4.5　自然地理因子和旅游活动对于森林群落的影响

4.5.1　所有样地和群丛的关系

图 4.3 是 76 个样地的 DCA 排序图,采用特征值较大、包含生态信息较多且有显著生态意义的第一、二轴数据做二维散点图。如前所述,所有样地经 TWINSPAN 分类,被分为 13 个不同群丛。事实上,每个群丛在 DCA 排序图上均有各自的分布范围和界线(图 4.3),比较明显的是,旅游干扰区群落(I—Ⅷ)在 DCA 排序图上的位置不同于非干扰区群落(Ⅸ—Ⅻ)在 DCA 排序图上的位置,这也反映出两个不同研究区域植被生态特征的差异性。

综上所述,尽管 DCA 第一、二排序轴具有很大的信息量,并且能明显区分旅游干扰区和非干扰区的森林群落,但这些群落同海拔、坡度、坡向等自然地理因子之间存在怎样的关系,仍然是未知的。旅游干扰区森林群落和非干扰区森林群落各自有着怎样的分布规律,仍然是未知的。因此,必须从其他视角寻求和认识制约不同研究区域群落分异的限制因素。

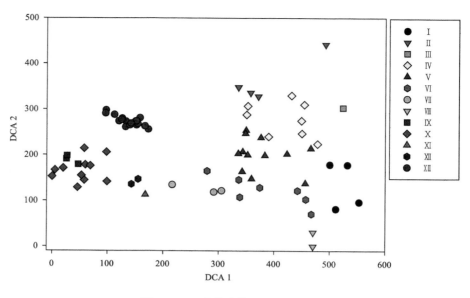

图 4.3　76 个样地的 DCA 二维排序

4.5.2　所有群丛与自然地理因子的关系

图 4.4 给出了 76 个样地的 DCA 排序轴与自然地理因子的相关性,揭示了森林群落与海拔、坡度和坡向等自然地理因子之间的关系。然而,除海拔呈现出极显著相关的态势外(p <0.0001),坡度和坡向的相关性并不明显。这些结果表明:致使两个不同的研究区域森林群落存在明显生态差异的原因可能是不一致的,因此,必须从不同区域的视角来寻求和认识制约群落分异的限制性因素。

4.5.3　非旅游干扰区域群丛与自然地理因子的关系

图 4.5 给出了非旅游干扰区域群丛与自然地理因子的相关关系。DCA 第一轴和第二轴与海拔均有极显著的相关性(p <0.0001),与坡度和坡向关系则不明显。这些结果表明,自然地理因子不仅导致非干扰区群落的差异性,而且它还是非干扰区群落分布的限制性因子。同时,由于华北落叶松群落是该研究区域的优势种,随海拔和坡度等自然地理因子的变化,华北落叶松群落向顶极群落演替,森林群落分布的规律性极为明显。

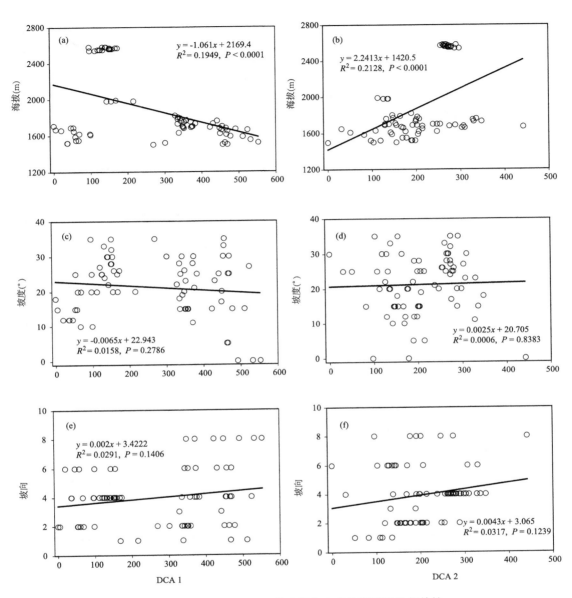

图 4.4　76 个样地的 DCA 排序轴与自然地理因子的相关性

4.5.4　旅游干扰区域群丛、自然地理因子与旅游影响之间的关系

由图 4.6 可知,DCA 第一轴群落与旅游影响系数以及自然地理因子(如海拔、坡度和坡向)表现出显著的相关性,且群落与旅游影响系数之间呈极显著的相关($p<0.001$)。DCA 第二轴群落与旅游影响系数以及自然地理因子之间则没有相关性。这些结果表明:旅游干扰作用以及自然地理因子共同制约旅游干扰区域森林群落的分异,且旅游干扰的作用更强

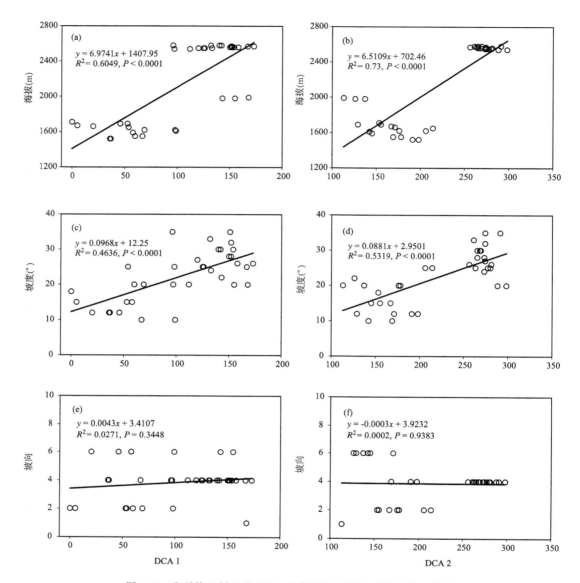

图 4.5　非干扰区样地的 DCA 排序轴与自然地理因子的相关性

烈(p<0.001)。就整个旅游干扰区域而言,由于旅游活动的存在,导致植被景观斑块化特征明显,森林植被表现出更多人为性和简单性。该区域主要是青杨群落和华北落叶松群落,它们在 DCA 图上也大致表现出一定的规律性(图 4.3),由于人为作用影响,两类群落有重复交替出现的现象。

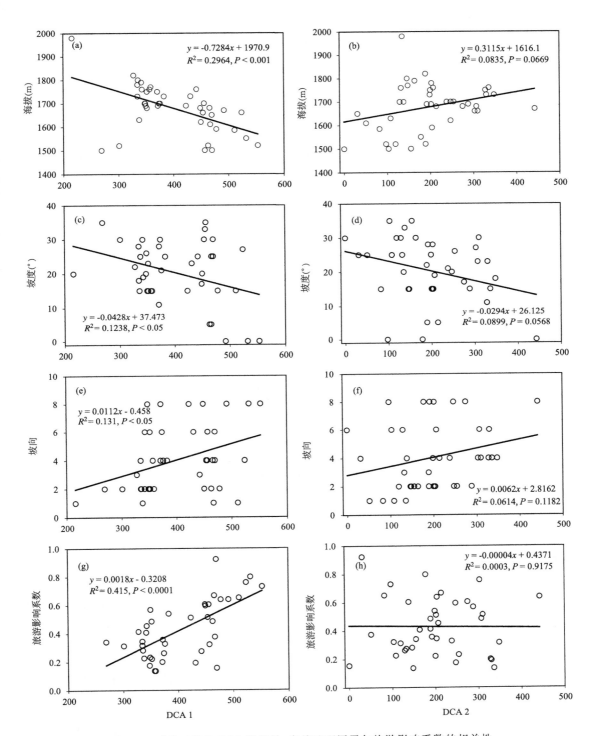

图 4.6　干扰区样地 DCA 排序轴、自然地理因子与旅游影响系数的相关性

4.5.5　物种和生态种组的关系

　　5个生态种组在 DCA 排序图中都有自己集中分布的中心和区域(图4.7),这与它们各自的地理条件有关。例如,种组Ⅰ和种组Ⅱ抗干扰性强、伴人植物种多,多出现在旅游影响较大的干扰区;种组Ⅳ和种组Ⅴ生态特性敏感,多出现在未受人为活动影响的区域;其余种组因其生境范围广,有较大的生态位宽度,因此,既出现在旅游干扰区域,也出现在非干扰区域。由此可知,生态种组的分布格局与森林群落类型的分布格局有着极大的相似性,在很大程度上,植物种的分布格局决定着森林群落类型的分布。

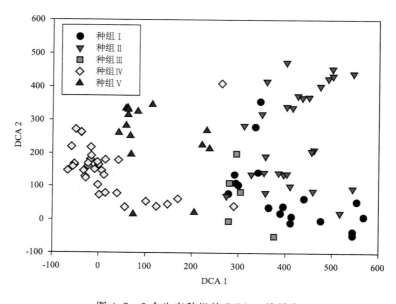

图 4.7　5 个生态种组的 DCA 二维排序

4.5.6　基于 CCA 的 76 个样地的排序

　　图 4.8 是 76 个样地的 CCA 二维排序图。图中箭头表示环境因子,箭头连线的长短表示森林群落的分布及与该因子的相关性,箭头连线在排序图中的斜率表示环境因子与排序轴相关性的大小,箭头所处的象限表示环境因子与排序轴之间相关性的正负。例如,海拔与第一轴夹角最小,且呈显著的正相关,说明海拔对森林群落的影响明显大于其他环境因子。而坡向的连线很短,说明它对植物群落的影响很小。

　　不同群落与环境因子之间的关系也可以用典范系数及环境因子与排序轴间的相关系数表示。典范系数和相关系数在本质上反映相同的生态意义。表 4.6 是 CCA 前 3 个排序轴

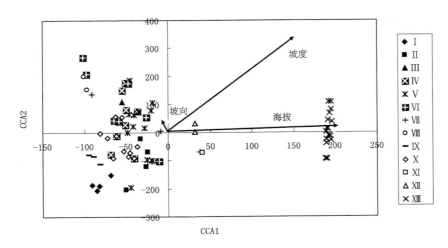

图 4.8　76 个样地的 CCA 二维排序

的典范系数和相关系数。显然，CCA 第一轴与海拔有较大的正相关性，第二轴与坡度有较大的正相关性。这些环境因子与 CCA 排序轴的相关性，与它们在 CCA 排序图中的分布趋势相一致，表明了 CCA 分析结果的正确性。

就森林植被的分布格局而言，由图 4.8 可知，大部分群落分布比较密集，使得不同群落之间的界线比较紧凑和模糊，"弓形效应"极为明显。但是从不同区域的角度来看，则有一定的规律性。非干扰区的森林植被沿第一排序轴从左到右随着海拔和坡度的变化，从群落Ⅸ，依次经由群落Ⅹ、群落Ⅺ和群落Ⅻ，最后发展到群落ⅩⅢ。在这一区域，海拔、坡度和坡向与它们的替变规律有着高度的吻合性。

表 4.6　环境因子与 CCA 排序轴的典范系数和相关系数

环境因子	典范系数			相关系数		
	Axis1	Axis2	Axis3	Axis1	Axis2	Axis3
海拔	0.9997	0.0188	0.0158	0.9618	0.0155	0.0127
坡度	0.3967	0.8836	−0.2488	0.3817	0.7281	−0.2007
坡向	−0.0020	0.0731	0.9973	−0.0019	0.0603	0.8047

在旅游干扰区，随着旅游影响程度的减少，沿第二排序轴由下至上，青杨群落从群落Ⅰ，经由群落Ⅲ和群落Ⅳ，再发展到生态质量较好的群落Ⅵ。同样，华北落叶松群落也由下至上从群落Ⅱ开始，经由群落Ⅴ，也发展到旅游干扰较小的群落Ⅶ。两类群落有着一致的演替趋势。第二轴明显地反映了旅游干扰的强弱程度，但是由于非干扰区的样地都没有旅游影响

系数,因此,旅游干扰因子不能直观地表示在该图中。相反,图中所示的海拔、坡度和坡向却不能很好地反映干扰区森林植被的变化趋势。

两种排序方法 DCA 和 CCA 所揭示的森林群落与环境因子之间的关系是一致的,但结果有所差异。由两种方法的特征值可知(表4.7),DCA 的特征值高于 CCA,说明 DCA 在描述群落间的关系上好于 CCA。但是在描述群落与环境因子之间的关系上,CCA 要优于DCA,这一点可以从 CCA 的计算过程中看出。

表 4.7　DCA 和 CCA 排序轴的特征值

	Axis1	Axis2	Axis3
DCA	0.760	0.425	0.313
CCA	0.595	0.283	0.219

4.6　本章小结

随着旅游开发程度的逐渐深入,急需对旅游景区旅游干扰作用下生态系统的结构、功能等稳定性加以研究和讨论,以适应新形势的发展和变化。植被作为生态系统的重要组成部分,为人们提供"自然旅游"的资源,更应该加强保护,才能适应可持续发展的"新旅游"的需求。旅游对植被的影响是多方面的,本章研究内容在引入旅游影响系数的基础之上,通过旅游干扰区域和非干扰区域不同样地植被的生态学指标的比较,清晰地揭示出旅游干扰作用对植被盖度、植物种类、伴人植物种的多寡等指标的影响,识别旅游干扰下森林植被生态特征的变化。同时,我们也发现旅游干扰导致森林群落呈现出人为性和简单性的外部特征,群落的发展演替也受到一定的影响。同时,本书中 TWINSPAN 所划分的 5 个生态种组与 76个样地的分类有着较大的关联性。5 个生态种组在 DCA 排序中都有自己集中分布的位置和区域,这主要由它们各自所处的地理条件所决定。生态种组划分的结果同时也表明,生态种组的分布与森林群落类型的分布格局有着很大的相似性,由此推知,植物种的分布格局很大程度上决定着森林群落类型的分布格局。此外,本章中通过 TWINSPAN 分类也筛选出一些指示种。例如,青杨物种是干扰区域森林群落的优势种,而沙棘(*Hippophae rhamnoides*)、山杏(*Armeniaca vulgaris*)、车前(*Plantago asiatica*)和繁缕(*Stellaria media*)等植物种,则是干扰区域经常出现的一些伴人植物种,因此,以上这些植物种的存在可以用于鉴别景区人类干扰活动的存在,为景区森林生态系统的监测和管理提供参考。

总体来看,本章研究内容的结果表明:自然地理因子是非干扰区域群落分异的主要限制性因子;而自然地理因子与旅游干扰共同作用导致旅游干扰区域群落的分异,而且,旅游干扰活动的影响比自然地理因子的作用更强烈。

众所周知,旅游的最大威胁并不仅仅是景区游人的踩踏,更重要的是景区基础设施和交通运输的发展,例如,游客个人的交通工具对于生态系统的破坏,这在 Davenport and Switalski(2006)的研究中有详细论述。然而,也有一些学者通过对徒步旅行路线的研究发现,这种方式对植被有较轻微的影响作用,并未对群落组成造成大的改变(Queiroz et al,2014)。无论怎样,有关旅游与植被关系的内在机制,仍然需要进行深入和长期的探索。

本章小结如下。

(1)TWINSPAN 将 76 个样地划分为 13 个群丛类型,它们最终可以区分为干扰区植被与非干扰区植被两大类型。在 TWINSPAN 分类图中(图 4.1),从群丛 I 到群丛 XIII,总体来看,森林植被依次由干扰区域向非干扰区域逐渐过渡,群落景观的生态质量也相应地从差级向良级过渡。在旅游干扰区域,森林群落的结构整体表现出人为性和简单性的外部特征,从群丛 I 到群丛 VIII,随着旅游干扰程度的不断减弱,青杨群落和华北落叶松群落各自向良好的方向演替,伴人植物种也依次减少,群落结构也趋于复杂和完整;而在非干扰区域,森林群落则表现出原生性和复杂性的外部特征,从群丛 IX 到群丛 XIII,海拔不断升高,除群丛 IX 为白桦外,其余群丛中华北落叶松逐步向顶极群落演替。

此外,TWINSPAN 将 100 个主要植物种分为 5 个生态种组,其中,I 组和 II 组的植物种主要分布于旅游干扰区域,IV 组和 V 组的植物种主要分布于非干扰区域,III 组植物种既存在于旅游干扰区域,也存在于非干扰区域,是一些过渡型植物类型。主要植物种的分类图与 76 个样地的分类图有着很大的关联性,表现出大致相同的分布规律。由此可以推知,植物种的生态分布决定着群落类型的分布。

TWINSPAN 对样地和物种进行等级分类的结果,比较客观地反映出森林植被对旅游干扰的生态响应,其中的指示种也充分反映了森林群落在不同干扰状态下的生态特征。由此可见,TWINSPAN 能够依据各种生态信息,准确迅速地对每一级分类给出明确的划分,是识别森林群落的一种有效方法。

(2)13 个不同的群丛在 DCA 排序图中各有自己的分布范围和界线,表明不同群丛的生态差异性。就所有样地的 DCA 排序轴与自然地理因子的相关性而言,DCA 第一轴和第二轴除与海拔极显著相关外($p<0.0001$),与坡度和坡向的相关性并不明显,这说明致使两个不同研究区域森林群落存在明显生态差异的原因并非仅有自然地理因子,同时,也说明森林群落在干扰区域和非干扰区域分布的规律性是不一致的。

就非干扰区域样地的 DCA 排序轴与自然地理因子的相关性来看,DCA 第一轴和第二轴与海拔和坡度都有极显著的相关性,而与坡向不相关。这些结果也表明:在非干扰区域中,导致群落分异的原因是自然地理因子。

就旅游干扰区域样地的 DCA 排序轴与不同因子的相关性分析来看,DCA 第一轴与旅游影响系数、海拔、坡度和坡向均呈显著相关,且与旅游影响系数呈极显著相关($p <$ 0.0001),DCA 第二轴与海拔、坡度、坡向和旅游影响系数没有相关性。以上这些研究结果表明:旅游干扰作用与自然地理因子共同制约着该研究区域森林群落的生态分异。就整个旅游干扰区域而言,森林植被明显存在斑块化的现象,表现出更多的人为性和简单性的外部特征,且青杨群落和华北落叶松群落在人为干扰作用下重复交替出现。

5 个生态种组在 DCA 排序图中都有自己集中分布的中心和区域,这是由它们各自所处的地理条件所决定的。同时本章研究结果也表明,生态种组的分布格局与森林群落类型的分布格局有着很大的相似性,在很大程度上,植物种的分布格局决定着森林群落类型的分布格局。

(3)在 CCA 排序图中,海拔与第一轴夹角最小,连线最长,且呈显著的正相关,说明海拔对第一轴的影响最大。其次是坡度的连线较长,与第二轴的夹角较小,说明坡度影响第二轴群落的分布。而坡向的连线很短,说明它对植物群落的影响很小。这种生态关系也可从典范系数和相关系数中窥见一斑。

在 CCA 排序图中,大部分群落分布比较密集,使得群落之间的界线比较紧凑和模糊,"弓形效应"极为明显。但是从不同区域的角度来看,则有一定的规律性。非干扰区的森林植被沿第一排序轴随着海拔和坡度的变化依次发展演替,与自然地理因子的作用相吻合。干扰区森林植被沿第二排序轴,随旅游影响程度的减少,青杨群落和华北落叶松群落依次向生态质量较好的状态发展。第二轴明显地反映了旅游干扰的强弱程度,它们的变化趋势与图中所示的海拔、坡度和坡向的作用并不一致。

DCA 排序仅使用物种数据,CCA 排序使用两个数据矩阵:物种数据和环境因子数据。两种排序方法所揭示的生态关系是一致的,但结果有所差异。DCA 的特征值高于 CCA,说明 DCA 在描述群落间的关系上好于 CCA。但是在描述群落与环境因子之间的关系上,CCA 要优于 DCA,这一点可以从 CCA 的计算过程中看出。因而 CCA 的应用大大提高了物种与环境的相关性,CCA 排序轴不仅反映了物种组成上的相似性,而且也反映了样地间在环境因子组成上的相似性,这两种相似性往往互相联系。一般而言,物种组成接近的群落,在其环境因子组成上也较接近,这是由物种特征、群落特征和环境因子之间相互的生态关系所决定的,因此,CCA 排序使得样地的分布更加集中,群落间的界线更加模糊,"弓形效应"明显,所以如果同分类方法结合使用,DCA 的效果要好于 CCA。

综上所述,本章中旅游干扰区域和非干扰区域的森林植被表现出非常显著的生态差异性,旅游干扰区域植被具有更多的人为性和简单性,非干扰区域的植被则具有更多的原生性和复杂性;在非干扰区域,导致群落分异的限制条件是自然地理因子;在旅游干扰区域,旅游干扰活动及自然地理因子共同制约着森林群落的生态分异,且旅游干扰活动的影响更强烈。

第5章　旅游干扰下森林群落的生态响应

识别森林群落对旅游干扰的反馈是指导旅游景区生态建设和生态管理的基础,从以往研究来看,一般均侧重于旅游干扰对物种或群落等影响的某单个方面,事实上,旅游干扰对整个植被以及生态系统的影响是多方面、多角度的。鉴于此,本章系统地从旅游活动干扰对植物种的科属特征、群落结构单元、群落的水平和垂直结构以及群落生态差异等多个方面进行综合剖析和评价,旨在通过不同视角揭示旅游干扰对森林群落结构的影响。

5.1　样地设置及生态学调查

样地设置及生态学调查见第 4 章 4.1 节样地设置及生态学调查。

5.2　森林群落结构变化研究方法

基于第 4 章研究内容,76 个样地的生态学调查共记录到 159 个植物种,通过 TWINSPAN 分类,76 个样地被分为 13 个不同的群落类型,其中,群丛 I 至群丛Ⅷ属于干扰区域,群丛Ⅸ至群丛Ⅻ属于非干扰区域(见第 4 章)。本章在前期研究成果基础之上,从多个视角,分析和探讨旅游干扰对森林群落结构的影响。

5.2.1　植物科属统计

本书数据统计过程详细查阅了《中国植被》《山西植物志》《内蒙古植物志》,以及中国植物志电子版等相关资料,将所有植物种按照科属类型进行统计,并计算其占比(山西植物志编委会,1992;内蒙古植物志编委会,1998;吴征镒,1980;中国植物志编委会,2004)。

5.2.2　植物区系统计

植物区系可以反映出植物在一定自然地域发展演化中的历史过程(吴征镒和王荷生，1983)。本书依据吴征镒(吴征镒，1991，1993)和王荷生(1992,1997)有关植物区系的研究成果，进行统计计算。

5.2.3　植物生活型和生态型统计

本书根据 Raunkiaer 生活型分类系统，统计不同群落物种的生活型，了解基本的群落结构单元构成，并利用生活型谱分析五台山地区植物与生境的关系。

群落生活型谱的计算公式如下：

某群落植物种任一生活型百分比＝(某群落植物种任一生活型数量 / 某群落全部植物种数量)×100

水分条件的差异导致植物种的不同适应性(李博，2003)，本区域植物可分为旱生、中旱生、旱中生、中生、湿中生以及湿生等生态型，通过生态型谱的计算，能进一步解析植物群落与生境的关系。

群落生态型谱的计算公式如下：

某群落植物种任一生态型百分比＝(某群落植物种任一生态型数量 / 某群落全部植物种数量)×100

5.2.4　群落垂直和水平结构的研究

本书利用草本层、乔木层和灌木层的植物种数目以及群落盖度等指标对 13 个群落垂直结构的生态异质性进行比较，揭示群落的垂直结构特征(由于采样条件制约，本书暂不考虑地下成层现象)。

本书通过计算 13 个群落中主要优势种的重要值，分析它们的生态优势度差异，了解群落的镶嵌特征，从而进一步研究群落的水平分布差异。

5.2.5　群落结构整体特征研究方法

本书利用相似系数来计算不同群落的相似性(张金屯，2004)，计算公式如下：

$$r_{jk} = \frac{\sum\limits_{i=1}^{p} x_{ij} x_{ik}}{\sum\limits_{i=1}^{p} x_{ij}^2 + \sum\limits_{i=1}^{p} x_{ik}^2 - \sum\limits_{i=1}^{p} x_{ij} x_{ik}}$$

式中,x_{ik}、x_{ij}分别表示第 i 个植物种在第 k 和第 j 个样地中的观测值。相似系数的值越小,表示不同群落之间的生态差异越大;相反,相似系数的值越大,则表示不同群落之间的生态特征越相近。

5.3　森林群落的结构特征

5.3.1　群落植物种科属特征

植物种科属统计结果表明:非干扰区(图 5.1(a),图 5.2(a))共出现植物种 78 个,归属为 35 科 67 属。非干扰区大部分科仅包含 1 属,少数科包含 2 属或者 2 属以上。包含 5 属以上的大科依次有百合科(Liliaceae)、毛茛科(Ranunculaceae)、蔷薇科(Rosaceae)和菊科(Compositae),这 4 科所包含的属的数目占所有非干扰区出现的总属数目的 37% ,占干扰区和非干扰区出现的总属数目的 21% 左右。包含 3 属的科有松科(Pinaceae)和忍冬科(Caprifoliaceae),这 2 科所包含的属的数目分别占到非干扰区以及干扰区和非干扰区出现的总属数目的 9% 和 5% 左右。此外,有 7 个科包含 2 属,大部分科仅包含 1 属,这些科所包含的属的数目占非干扰区出现的总属数目的 54% 左右,占干扰区和非干扰区出现的总属数目的 30%。从植物种出现情形来看,忍冬科、百合科、毛茛科、蔷薇科和菊科均包含 5 种以上植物种,这些植物种约占非干扰区出现的总植物种数目的 46%,占干扰区和非干扰区出现的总植物种数目的 23% 左右。其余大部分科仅包含 1 个植物种,少数科包含 2 个植物种。

干扰区(图 5.1(b)、图 5.2(b))统计结果表明:该区域共出现植物种 107 个,归属到 35 个科 87 个属中。包括 5 个属以上的大科有蔷薇科、菊科、豆科(Leguminosae)、禾本科(Gramineae)和毛茛科,这 5 科所包含的属的数目占干扰区出现的总属数目的 51%,占干扰区和非干扰区出现的总属数目的 37%。含 3~4 属的科有松科、唇形科(Labiatae)、百合科和伞形科(Umbelliferae),这 4 科所包含属的数目占干扰区出现的总属数目的 16%,占干扰区和非干扰区出现的总属数目的 12% 左右。此外,大部分科也仅含有 1~2 属,它们占干扰区出现的总属数目的 33%,占干扰区和非干扰区出现的总属数目的 24% 左右。从植物种出现情形来看,包含 5 个植物种以上的科依次有豆科、毛茛科、蔷薇科、菊科和禾本科,这些科所含植物种占干扰区出现的总植物种数的 55%,占干扰区和非干扰区出现的总植物种数的 38% 左右。松科、百合科和伞形科包含有 4 个植物种,这些植物种占干扰区出现的总植物种数的 11%,占干扰区和非干扰区出现的总植物种数的 8%。其他大部分科仅出现 1 个植物种,少数科有 2~3 个植物种,这些植物种约占干扰区出现的总植物种数的 34%,占干扰区和非干扰区出现的总植物种数的 23% 左右。

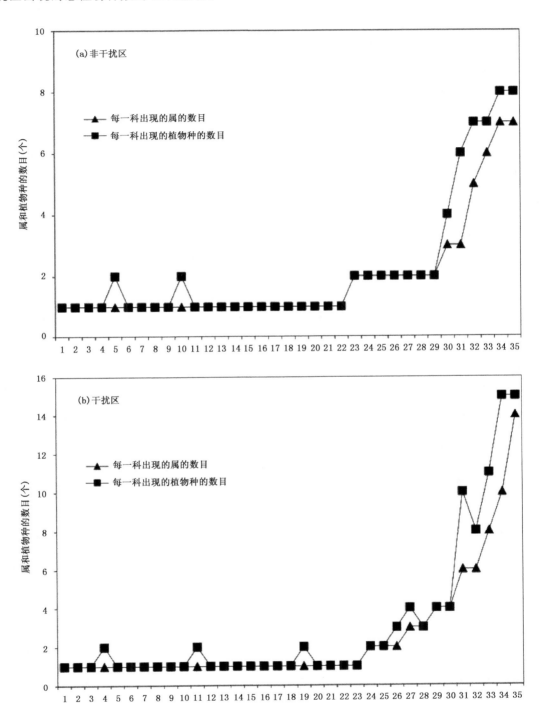

图 5.1　干扰区和非干扰区分别出现的属和植物种的数目

(a) 图横坐标每个数字代表的科及其包含的属：1—壳斗科(Fagaceae)(栎属(*Quercus*))，2—槭树科(Aceraceae)(槭属(*Acer*))，3—榆科(Ulmaceae)(榆属(*Ulmus*))，4—山茱萸科(Cornaceae)(梾木属(*Swida*))，5—木犀科(Oleaceae)(丁香属(*Syringa*))，6—杜鹃花科(Ericaceae)(杜鹃花属(*Rhododendron*))，7—卫矛科(Celastraceae)(卫矛属(*Euonymus*))，8—鼠李科(Rhamnaceae)(鼠李属(*Rhamnus*))，9—莎草科(Cyperaceae)(薹草属(*Carex*))，10—茜草科(Rubiaceae)(拉拉藤属(*Galium*))，11—唇形科(Labiatae)(糙苏属(*Phlomis*))，12—堇菜科(Violaceae)(堇菜属(*Viola*))，13—薯蓣科(Dioscoreaceae)(薯蓣属(*Dioscorea*))，14—景天科(Crassulaceae)(景天属(*Sedum*))，15—蓼科(Polygonaceae)(蓼属(*Polygonum*))，16—兰科(Orchidacea)(对叶兰属(*Listera*))，17—车前科(Plantaginaceae)(车前属(*Plantago*))，18—报春花科(Primulaceae)(假报春属(*Cortusa*))，19—柳叶菜科(Onagraceae)(柳叶菜属(*Epilobium*))，20—鹿蹄草科(Pyrolaceae)(鹿蹄草属(*Pyrola*))，21—蹄盖蕨科(Athyriaceae)(冷蕨属(*Cystopteris*))，22—木贼科(Equisetaceae)(木贼属(*Equisetum*))，23—石竹科(Caryophyllaceae)(卷耳属(*Cerastium*)、繁缕属(*Stellaria*))，24—伞形科(Umbelliferae)(峨参属(*Anthriscus*)、柴胡属(*Bupleurum*))，25—禾本科(Gramineae)(雀麦属(*Bromus*)、隐子草属(*Cleistogenes*))，26—虎耳草科(Saxifragaceae)(茶藨子属(*Ribes*)、溲疏属(*Deutzia*))，27—豆科(Leguminosae)(杭子梢属(*Campylotropis*)、野豌豆属(*Vicia*))，28—桦木科(Betulaceae)(桦木属(*Betula*)、榛属(*Corylus*))，29—杨柳科(Salicaceae)(杨属(*Populus*)、柳属(*Salix*))，30—松科(Pinaceae)(落叶松属(*Larix*)、冷杉属(*Abies*)、云杉属(*Picea*))，31—忍冬科(Caprifoliaceae)(荚蒾属(*Viburnum*)、六道木属(*Abelia*)、忍冬属(*Lonicera*))，32—百合科(Liliaceae)(黄精属(*Polygonatum*)、舞鹤草属(*Maianthemum*)、葱属(*Allium*)、藜芦属(*Veratrum*)、铃兰属(*Convallaria*))，33—毛茛科(Ranunculaceae)(唐松草属(*Thalictrum*)、乌头属(*Aconitum*)、银莲花属(*Anemone*)、芍药属(*Paeonia*)、毛茛属(*Ranunculus*)、升麻属(*Cimicifuga*))，34—蔷薇科(Rosaceae)(蔷薇属(*Rosa*)、绣线菊属(*Spiraea*)、珍珠梅属(*Sorbaria*)、栒子属(*Cotoneaster*)、地榆属(*Sanguisorba*)、龙牙草属(*Agrimonia*)、草莓属(*Fragaria*))，35—菊科(Compositae)(蒿属(*Artemisia*)、风毛菊属(*Saussurea*)、菊属(*Dendranthema*)、天名精属(*Carpesium*)、大丁草属(*Gerbera*)、橐吾属(*Ligularia*)、紫菀属(*Aster*))；(b) 图横坐标每个数字代表的科及其包含的属：1—槭树科(Aceraceae)(槭属(*Acer*))，2—杨柳科(Salicaceae)(杨属(*Populus*))，3—榆科(Ulmaceae)(榆属(*Ulmus*))，4—忍冬科(Caprifoliaceae)(忍冬属(*Lonicera*))，5—山茱萸科(Cornaceae)(梾木属(*Swida*))，6—杜鹃花科(Ericaceae)(杜鹃花属(*Rhododendron*))，7—莎草科(Cyperaceae)(薹草属(*Carex*))，8—堇菜科(Violaceae)(堇菜属(*Viola*))，9—薯蓣科(Dioscoreaceae)(薯蓣属(*Dioscorea*))，10—景天科(Crassulaceae)(景天属(*Sedum*))，11—蓼科(Polygonaceae)(蓼属(*Polygonum*))，12—车前科(Plantaginaceae)(车前属(*Plantago*))，13—胡颓子科(Elaeagnaceae)(沙棘属(*Hippophae*))，14—小檗科(Berberidaceae)(小檗属(*Berberis*))，15—远志科(Polygalaceae)(远志属(*Polygala*))，16—玄参科(Scrophulariaceae)(马先蒿属(*Pedicularis*))，17—牻牛儿苗科(Geraniaceae)(老鹳草属(*Geranium*))，18—川断续科(Dipsacaceae)(蓝盆花属(*Scabiosa*))，19—龙胆科(Gentianaceae)(龙胆属(*Gentiana*))，20—紫葳科(Bignoniaceae)(角蒿属(*Incarvillea*))，21—桔梗科(Campanulaceae)(沙参属(*Adenophora*))，22—亚麻科(Linaceae)(亚麻属(*Linum*))，23—马鞭草科(Verbenaceae)(莸(*Caryopteris*))，24—桦木科(Betulaceae)(桦木属(*Betula*)、虎榛属(*Ostryopsis*))，25—茜草科(Rubiaceae)(拉拉藤属(*Galium*)、茜草属(*Rubia*))，26—石竹科(Caryophyllaceae)(石竹属(*Dianthus*)、蝇子草属(*Silene*))，27—松科(Pinaceae)(落叶松属(*Larix*)、云杉属(*Picea*)、松属(*Pinus*))，28—唇形科(Labiatae)(糙苏属(*Phlomis*)、黄芩属(*Scutellaria*)、香薷属(*Elsholtzia*))，29—百合科(Liliaceae)(葱属(*Allium*)、藜芦属(*Veratrum*)、天门冬属(*Asparagus*)、百合属(*Lilium*))，30—伞形科(Umbelliferae)(防风属(*Saposhnikovia*)、柴胡属(*Bupleurum*)、葛缕子属(*Carum*)、胡萝卜属(*Daucus*))，31—豆科(Leguminosae)(野豌豆属(*Vicia*)、胡枝子属(*Lespedeza*)、棘豆属(*Oxytropis*)、米口袋属(*Gueldenstaedtia*)、草木樨属(*Melilotus*)、苜蓿属(*Medicago*))，32—毛茛科(Ranunculaceae)(唐松草属(*Thalictrum*)、乌头属(*Aconitum*)、银莲花属(*Anemone*)、毛茛属(*Ranunculus*)、铁线莲属(*Clematis*)、楼斗菜属(*Aquilegia*))，33—蔷薇科(Rosaceae)(蔷薇属(*Rosa*)、绣线菊属(*Spiraea*)、栒子属(*Cotoneaster*)、地榆属(*Sanguisorba*)、草莓属(*Fragaria*)、杏属(*Armeniaca*)、委陵菜属(*Potentilla*)、悬钩子属(*Rubus*))，34—菊科(Compositae)(蒿属(*Artemisia*)、风毛菊属(*Saussurea*)、菊属(*Dendranthema*)、蓝刺头属(*Echinops*)、苍术属(*Atractylodes*)、香青属(*Anaphalis*)、鼠麴草属(*Gnaphalium*)、狗娃花属(*Heteropappus*)、旋覆花属(*Inula*)、蒲公英属(*Taraxacum*))，35—禾本科(Gramineae)(针茅属(*Stipa*)、隐子草属(*Cleistogenes*)、羊茅属(*Festuca*)、早熟禾属(*Poa*)、冰草属(*Agropyron*)、碱茅属(*Puccinellia*)、鹅观草属(*Roegneria*)、孔颖草属(*Bothriochloa*)、野青茅属(*Deyeuxia*)、狗尾草属(*Setaria*)、画眉草属(*Eragrostis*)、芦苇属(*Phragmites*)、羊胡子草属(*Eriophorum*)、臭草属(*Melica*))。

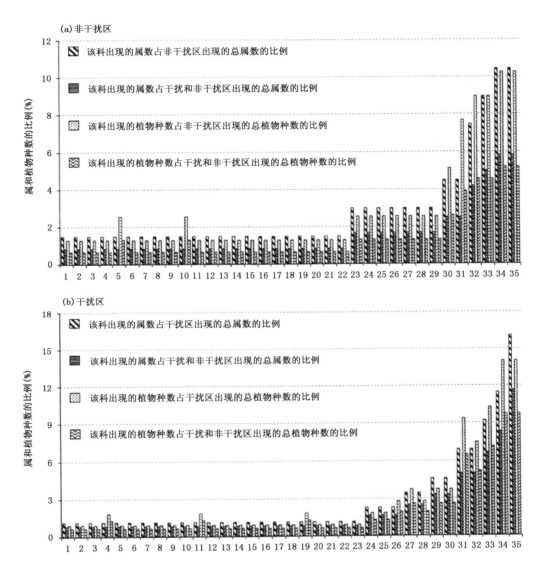

图 5.2　干扰区和非干扰区分别出现的属数及植物种数的比例

（a）、（b）图中横坐标项目分别同图 5.1（a，b）

　　表 5.1 给出了干扰区和非干扰区共同出现的植物种科属类型。这两个区域共同出现植物种 31 个，归属到 19 科 29 属中。其中，蔷薇科出现的属和植物种的数目比较多，毛茛科、菊科次之，其次是百合科和松科，其他大部分科仅包含 1 个属、1 个种。

表 5.1　非干扰区和干扰区共同出现的科属类型

科	属	植物种数
桦木科（Betulaceae）	桦木属（*Betula*）	1
榆科（Ulmaceae）	榆属（*Ulmus*）	1
忍冬科（Caprifoliaceae）	忍冬属（*Lonicera*）	2
山茱萸科（Cornaceae）	梾木属（*Swida*）	1
杜鹃花科（Ericaceae）	杜鹃属（*Rhododendron*）	1
豆科（Leguminosae）	野豌豆属（*Vicia*）	1
莎草科（Cyperaceae）	薹草属（*Carex*）	1
茜草科（Rubiaceae）	拉拉藤属（*Galium*）	1
唇形科（Labiatae）	糙苏属（*Phlomis*）	1
禾本科（Gramineae）	隐子草属（*Cleistogenes*）	1
堇菜科（Violaceae）	堇菜属（*Viola*）	1
薯蓣科（Dioscoreaceae）	薯蓣属（*Dioscorea*）	1
景天科（Crassulaceae）	景天属（*Sedum*）	1
蓼科（Polygonaceae）	蓼属（*Polygonum*）	1
百合科（Liliaceae）	葱属（*Allium*） 藜芦属（*Veratrum*）	2
松科（Pinaceae）	落叶松属（*Larix*） 云杉属（*Picea*）	3
菊科（Compositae）	蒿属（*Artemisia*） 风毛菊属（*Saussurea*） 菊属（*Dendranthema*）	3
毛茛科（Ranunculaceae）	乌头属（*Aconitum*） 银莲花属（*Anemone*） 毛茛属（*Ranunculus*）	3
蔷薇科（Rosaceae）	蔷薇属（*Rosa*） 绣线菊属（*Spiraea*） 栒子属（*Cotoneaster*） 地榆属（*Sanguisorba*） 草莓属（*Fragaria*）	5
合计　　19	29	31

5.3.2　群落植物种区系特征

本书中植物属的区系地理成分总体情况如下(表 5.2):干扰区和非干扰区的各属分布类型基本相似,温带分布属均占比最高,其次是世界分布属以及热带分布属。东亚分布属和中国特有属仅出现在干扰区,且所占比例极低。此外,干扰区出现的温带分布属、世界分布属以及热带分布属分别在干扰区和非干扰区所有总属数中的比例均略高于非干扰区(干扰区占比依次是:52.5%、13.3%和3.3%;非干扰区占比依次是:46.7%、7.5%和1.7%)。

表 5.3 所示为植物区系种的分布类型,非干扰区和干扰区均是温带分布型植物种占优势,其次是中国特有分布种以及东亚分布种。世界分布种和热带分布种仅出现在干扰区,且所占比例较低。干扰区出现的温带分布种以及中国特有分布种分别占干扰区和非干扰区总植物种数的比例均略高于非干扰区(干扰区占比依次是:37.7%、19.1%;非干扰区占比依次是:31.2%、11.2%)。同时,这两个不同研究区域的东亚分布种分别占干扰区和非干扰区总植物种数的比例相同,均在 8.5%左右。

5.3.3　群落的结构单元

5.3.3.1　群落的生活型特征

TWINSPAN 分类将 76 个样地划分为 13 个群落,分别代表 13 种群落类型,群落Ⅰ至Ⅷ由干扰区样地组成,群落Ⅸ至Ⅻ由非干扰区样地组成,这表明人类干扰导致两个区域的森林植被表现出明显的生态差异,干扰区和非干扰区植被被明显地划分开来。为了深入探讨森林植被对于人类干扰的反馈,本书系统研究了非干扰区和干扰区植被的生活型以及生态型特征,以期多方位探讨形成这些差异的内在机制。

植物的生活型特征是植物种在其生理、结构和外部形态上对环境适应后的一种具体的外在表现,也是不同的植物种对相同的自然条件趋同适应的一种结果,植物的生活型相同,则表明它们对环境条件的需求或适应能力相同或类似(高贤明和陈灵芝,1998)。常用的植物生活型系统是 Raunkiaer 分类系统。由图 5.3(a)可知,从群落Ⅰ至Ⅻ高位芽植物占比总体有逐渐增大的变化趋势,群落Ⅺ中高位芽植物的比例高达 75%;一年生植物总体有逐渐减小的变化趋势,群落Ⅰ中占比最高,达到 30%左右;地面芽植物总的来说,占比也呈由大变小的趋势;地下芽植物的变化规律不太明显;地上芽植物在干扰区(群落Ⅰ至Ⅷ)占比较高,在非干扰区(群落Ⅸ至Ⅻ)所占比例略低。总体来看,从群落Ⅰ至Ⅻ,随着植物群落向顶极群落的自然演替,高位芽植物占比在逐渐增大,一年生植物占比逐渐缩小;高位芽植物在非干

表 5.2　所有样地植物区系属的分布类型占比（%）

分类	分布区类型及变型	干扰区存在的属 属数	占该区总属数的比例	占所有总属数的比例	非干扰区存在的属 属数	占该区总属数的比例	占所有总属数的比例	干扰区和非干扰区共有的属 属数	占干扰区总属数的比例	占非干扰区总属数的比例	占所有总属数的比例
世界分布属	1 世界分布	16	18.4	13.3	9	13.4	7.5	6	6.9	9.0	5
热带分布属	2 泛热带分布	3	3.5	2.5	2	3.0	1.7	1	1.2	1.5	0.8
	4 旧世界热带分布	1	1.1	0.8	0	0	0	0	0	0	0
温带分布属	8 北温带分布	35	40.2	29.2	35	52.2	29.2	16	18.4	23.9	13.3
	8—2 北极—高山分布	1	1.1	0.8	0	0	0	0	0	0	0
	8—4 北温带和南温带（全温带）间断	10	11.5	8.3	7	10.5	5.8	2	2.3	3.0	1.7
	9 东亚和北美洲间断	1	1.2	0.8	2	3.0	1.7	0	0	0	0
	9—1 东亚和墨西哥间断	0	0	0	2	3.0	1.7	0	0	0	0
	10 旧世界温带分布	12	13.8	10.0	8	11.9	6.7	4	4.6	6.0	3.3
	10—1 地中海区、西亚和东亚间断	0	0	0	1	1.5	0.8	0	0	0	0
	10—3 欧亚和南非洲（有时也在大洋洲）间断	2	2.3	1.7	0	0	0	0	0	0	0
	11 温带亚洲分布	2	2.3	1.7	1	1.5	0.8	0	0	0	0
东亚分布属	14 东亚（东喜马拉雅—日本）	2	2.3	1.7	0	0	0	0	0	0	0
	14—2 中国—日本	1	1.1	0.8	0	0	0	0	0	0	0
中国特有分布属	15 中国特有分布	1	1.2	0.8	0	0	0	0	0	0	0
合计		87	100	72.4	67	100	55.9	29	33.4	43.4	24.1

表 5.3　所有样地植物区系种的分布类型占比（%）

	分布区类型及变型	干扰区存在的植物种			非干扰区存在的植物种			干扰区和非干扰区共有的植物种			
		种数	占该区总种数的比例	占所有总种数的比例	种数	占该区总种数的比例	占所有总种数的比例	种数	占非干扰区总种数的比例	占干扰区总种数的比例	占所有总种数的比例
世界分布种	1 世界分布	1	0.9	0.7	0	0	0	0	0	0	0
热带分布种	5 热带亚洲—热带大洋洲分布	2	1.9	1.3	0	0	0	0	0	0	0
	7 热带亚洲分布	4	3.7	2.6	0	0	0	0	0	0	0
温带分布种	8 北温带分布	10	9.4	6.5	10	12.8	6.5	4	5.1	3.7	2.6
	9 东亚和北美洲间断分布	0	0	0	2	2.6	1.3	0	0	0	0
	10 旧大陆温带分布	9	8.4	5.8	9	11.5	5.8	3	3.9	2.8	2.0
	10-3 欧亚温带和大洋洲间断分布	0	0	0	1	1.3	0.7	0	0	0	0
	11 亚洲温带分布	34	31.8	22.1	21	26.9	13.6	11	14.1	10.2	7.1
	11-1 东北亚—华北分布	5	4.7	3.3	5	6.4	3.3	2	2.6	1.9	1.3
东亚分布种	14 东亚分布	3	2.8	2.0	1	1.3	0.7	0	0	0	0
	14-2 中国—日本（或朝鲜）	10	9.4	6.5	12	15.4	7.8	6	7.7	5.6	3.9
中国特有分布种	15 中国分布	1	0.9	0.7	0	0	0	0	0	0	0
	15-1 东北—华北	0	0	0	1	1.3	0.7	0	0	0	0
	15-2 东北—华东	1	0.9	0.7	0	0	0	0	0	0	0
	15-3 华北	7	6.5	4.6	4	5.1	2.6	2	2.6	1.9	1.3
	15-4 西北—华北—东北	11	10.3	7.1	8	10.3	5.2	2	2.6	1.9	1.3
	15-5 西南—西北—华北	5	4.7	3.3	0	0	0	0	0	0	0
	15-6 西南—江南—华北	3	2.8	2.0	3	3.8	2.0	1	1.3	0.9	0.7
	15-8 华中—华北	1	0.9	0.7	1	1.3	0.7	0	0	0	0
合计		107	100	69.9	78	100	50.9	31	39.9	28.9	20.2

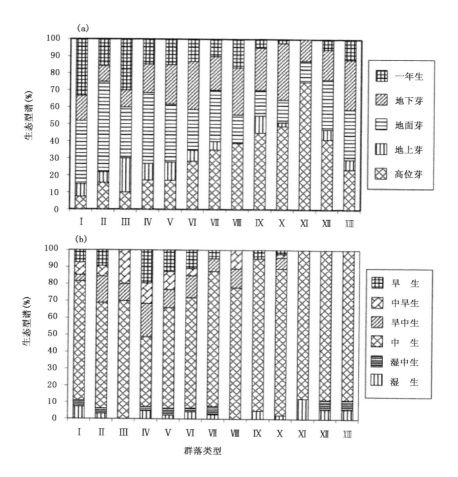

图 5.3　不同群落植物种的生态型和生活型谱

扰区所占比例明显高于其在干扰区所占比例;与之相反,一年生、地面芽和地上芽植物在干扰区所占比例远大于非干扰区;地下芽植物在非干扰和干扰区两个研究区域内表现出高低波动的分布特点,规律性不明显。

5.3.3.2　群落的生态型特征

本书根据水分条件对植物生态型进行分类(图 5.3(b)),在 13 个群落中,中生植物种生态优势比较明显,这与本书区域的气候条件相吻合;此外,湿生植物也在大部分群落中有分布,但其分布规律不明显。在干扰区(群落Ⅰ至Ⅷ),旱生、中旱生和旱中生植物种在不同群落中基本也均有分布,但其规律性也不太明显,中旱生植物种在群落Ⅲ中占比较高,达 20%左右;与干扰区情况相反,这几类生态型物种在非干扰区(群落Ⅸ至Ⅷ)则出现较少。总体来看,干扰区域植物种生态型复杂多样,而非干扰区区域植物种生态型则相对单一。

5.3.4　群落垂直结构特征

由表 5.4 可知,在旅游干扰区,即从群落Ⅰ至群落Ⅷ,乔木层盖度有逐渐增大的变化规律,群落Ⅰ旅游活动最强烈,乔木层盖度最低,仅出现一个乔木种——青杨。从群落Ⅱ至群落Ⅷ,乔木层盖度越来越大,植物种数也在逐渐增加,例如,群落Ⅱ中就出现了华北落叶松、白杆和山杏 3 个乔木种,群落Ⅵ中则出现了 5 个乔木种。从灌木层总体情况来看,盖度普遍较低,特别是群落Ⅲ,几乎没有出现灌木种。但从其整个变化趋势来看,灌木层盖度还是随着旅游活动的减弱在逐渐增大,但最高也仅达到了 25% 左右(群落Ⅷ)。草本层情况与乔木层和灌木层类似,其盖度的变化趋势也是由低到高逐渐增加。群落植被特征的这种外在表现均表明,随着人类干扰活动的减弱,群落生境质量不断优化,生态系统逐渐向稳定、自维持的方向发展。

在非干扰区,即从群落Ⅸ到群落ⅩⅢ,乔木层盖度基本都在 70% 以上,森林群落郁闭度较高。灌木层和草本层变化也与乔木层相似,例如,群落Ⅹ中,灌木层盖度高达 70%;群落ⅩⅢ中,草本层盖度高达 85% 左右,由此看来,该区域森林群落正不断向顶极阶段演替。群落Ⅸ中出现的乔木种有白桦、辽东栎等,林下灌木层主要有毛榛、六道木、金花忍冬、巧玲花(*Syringa pubescens subsp. microphylla*)等植物种,草本层主要有披针薹草和唐松草等。辽东栎、白桦混交,说明这只是一种群落的过渡类型,最终将演替为辽东栎林。在群落Ⅹ中,出现的乔木种有辽东栎、白桦、山杨和华北落叶松等,华北落叶松耐寒、喜光,其林下常伴生披针薹草和毛榛等植物种。华北落叶松林间伴生有山杨物种,也说明该群落正处在演替发展的某个阶段。同样,群落Ⅺ中,乔木种由华北落叶松和山柳组成,林下灌木伴生有山刺玫、水栒子(*Cotoneaster multiflorus*)、土庄绣线菊等,草本层则主要以披针薹草等占优势。在群落Ⅻ中,乔木种主要由华北落叶松和白桦组成,林下灌木伴有土庄绣线菊、六道木等,草本也以披针薹草占优势。可见,这些不同群落正处于自然发展演替的某个阶段,生境质量良好,垂直结构特征明显,表现出一种原生态特征。

此外,在非干扰区,群落ⅩⅢ比较特殊,由于郁闭度较大,该群落未出现灌木种,乔木由华北落叶松、白杆、臭冷杉和青杆组成,且长势良好;草本以披针薹草占优势,其次是无芒雀麦(*Bromus inermis*)、峨参等植物种。该群落还出现了一些蕨类植物,如节节草(*Equisetum ramosissimum*)等。蕨类植物的出现,正好印证该区域环境质量优越,林内阴暗潮湿,几乎未受干扰。

表 5.4 中特别值得注意的一点是,干扰区草本植物的物种数目总体大于非干扰区,尤其在群落Ⅳ、Ⅴ和Ⅵ中。由前述可知,从群落Ⅰ到Ⅷ,旅游活动逐渐减弱,这可能也从一个侧面表明中度干扰导致物种丰富度增大。

表 5.4　不同群落垂直结构特征差异

垂直结构特征		群落类型												
		Ⅰ	Ⅱ	Ⅲ	Ⅳ	Ⅴ	Ⅵ	Ⅶ	Ⅷ	Ⅸ	Ⅹ	Ⅺ	Ⅻ	ⅩⅢ
草本层	盖度（%）	15	20	15	20~25	35~40	50~60	50	45	60	50~60	60	65~80	75~85
	植物种数	25	28	9	35	39	33	27	12	11	24	2	10	13
灌木层	盖度（%）	5	10	0	10	8~15	15~20	20	25	35~40	50~70	40	50	0
	植物种数	1	1	0	2	5	8	10	4	6	17	5	5	0
乔木层	盖度（%）	45~55	50~60	50	60~70	70~75	75~90	70~80	65~80	70~75	75~85	70	70~75	75~90
	植物种数	1	3	1	4	4	5	3	2	3	6	2	2	4

5.3.5　群落水平结构特征

本书利用植物种重要值,通过对不同群落中主要种群生态优势度差异的分析,了解群落镶嵌特征,从而进一步了解群落的水平结构。涉及的主要植物种包括:华北落叶松、白桦、白杆、青杆和青杨等乔木种;毛榛、六道木、金花忍冬、山刺玫、三裂绣线菊和沙棘等灌木种;唐松草、披针薹草、地榆、糙苏、无芒雀麦、小红菊、白莲蒿(*Artemisia sacrorum*)、蓝花棘豆、角蒿和鹅观草等草本植物种。

从 13 个群落主要植物种生态优势度情况来看(表 5.5),在干扰区,植物种呈现出集群分布的特性,即某些植物种在一些群落中生态优势度很强,而在另一些群落中生态优势度表现则又非常弱。例如,在群落 Ⅱ、Ⅴ 和 Ⅶ 中,由于人为干扰活动在逐渐地减弱,华北落叶松种群的生态优势度逐步地变大;然而在群落 Ⅰ、Ⅲ 和 Ⅷ 中,华北落叶松种群优势度则明显很弱,这可能一方面与人类活动的干扰程度有关,另一方面也与植物种的生活特性有关。除乔木种外,在干扰区,灌木种的集群分布也非常明显。除三裂绣线菊和沙棘外,其他灌木种在 8 个群落中优势度均非常小。干扰区草本群落的分布不同于乔木种和灌木种,在 8 个群落中,大部分草本植物均有不同程度的分布,优势度差异明显。

在非干扰区(表 5.5),群落也呈现集群分布的状态。华北落叶松种群占有绝对优势度,其他各群落处于自然演替的不同阶段,但都在向顶级群落华北落叶松群落演替。与干扰区不同的是,非干扰区灌木种优势度逐渐增加,这与生境质量的提高有很大关系。此外,草本植物种的优势度在非干扰区降低,例如,白莲蒿、蓝花棘豆、角蒿、鹅观草等草本植物种在非干扰区所有群落均未出现,这可能是由于乔木郁闭度增大,导致林下草本植物种数量减少。

5.3.6　群落整体结构的相似程度

为了研究 13 个群落的环境异质性,探讨干扰区与非干扰区群落的生态差异,本书通过相关分析,利用相似系数来反映群落结构的整体特征。

由表 5.6 可知,群落 Ⅰ 与群落 Ⅷ、Ⅵ 和 Ⅲ 之间的相似系数值都相对较大,表现出极显著或者显著的相关性;但与其他群落之间的相似性并不明显。此外,群落 Ⅲ 与群落 Ⅷ、群落 Ⅴ 与群落 Ⅶ、群落 Ⅵ 与群落 Ⅷ、群落 Ⅶ 与群落 Ⅻ、群落 Ⅺ 与群落 Ⅻ 之间均显著相关。

表 5.5　不同群落中优势种群的重要值

植物种	种类	I	II	III	IV	V	VI	VII	VIII	IX	X	XI	XII	XIII
华北落叶松(Larix principis-rupprechtii)	乔木	0.00	0.57	0.00	0.16	0.59	0.14	0.67	0.00	0.00	0.58	0.79	0.96	0.49
白桦(Betula platyphylla)	乔木	0.00	0.00	0.00	0.00	0.00	0.14	0.00	0.00	0.93	0.14	0.00	0.04	0.00
白杆(Picea meyeri)	乔木	0.00	0.18	0.00	0.00	0.01	0.00	0.00	0.00	0.00	0.00	0.00	0.00	0.31
青杆(Picea wilsonii)	乔木	0.00	0.00	0.00	0.28	0.08	0.01	0.07	0.00	0.00	0.00	0.00	0.00	0.02
青杨(Populus cathayana)	乔木	1.00	0.00	1.00	0.50	0.32	0.56	0.00	0.78	0.00	0.00	0.00	0.00	0.00
毛榛(Corylus mandshurica)	灌木	0.00	0.00	0.00	0.00	0.00	0.00	0.00	0.00	0.27	0.36	0.00	0.00	0.00
六道木(Abelia biflora)	灌木	0.00	0.00	0.00	0.00	0.00	0.00	0.00	0.00	0.17	0.07	0.00	0.17	0.00
金花忍冬(Lonicera chrysantha)	灌木	0.00	0.00	0.00	0.00	0.00	0.02	0.00	0.00	0.30	0.13	0.00	0.00	0.00
山刺玫(Rosa davurica)	灌木	0.00	0.00	0.00	0.00	0.00	0.00	0.16	0.00	0.00	0.01	0.33	0.04	0.00
三裂绣线菊(Spiraea trilobata)	灌木	0.00	0.00	0.00	0.00	0.08	0.17	0.03	0.13	0.00	0.00	0.00	0.00	0.00
沙棘(Hippophae rhamnoides)	灌木	0.00	0.75	0.00	0.25	0.00	0.00	0.00	0.00	0.00	0.00	0.00	0.00	0.00
唐松草(Thalictrum aquilegifolium var. sibiricum)	草本	0.00	0.00	0.00	0.00	0.00	0.00	0.04	0.00	0.15	0.15	0.00	0.05	0.00
披针薹草(Carex lancifolia)	草本	0.02	0.08	0.00	0.08	0.07	0.15	0.13	0.00	0.46	0.11	0.86	0.33	0.43
地榆(Sanguisorba officinalis)	草本	0.10	0.06	0.00	0.14	0.11	0.05	0.09	0.00	0.08	0.01	0.00	0.00	0.00
糙苏(Phlomis umbrosa)	草本	0.00	0.00	0.00	0.00	0.00	0.00	0.15	0.23	0.00	0.03	0.00	0.05	0.00
无芒雀麦(Bromus inermis)	草本	0.00	0.00	0.00	0.00	0.00	0.00	0.03	0.00	0.00	0.01	0.00	0.21	0.17
小红菊(Dendranthema chanetii)	草本	0.06	0.02	0.00	0.01	0.12	0.04	0.04	0.03	0.02	0.00	0.00	0.00	0.00
白莲蒿(Artemisia sacrorum)	草本	0.01	0.15	0.15	0.12	0.12	0.04	0.00	0.00	0.00	0.00	0.00	0.00	0.00
蓝花棘豆(Oxytropis caerulea)	草本	0.00	0.00	0.00	0.01	0.12	0.06	0.08	0.00	0.00	0.00	0.00	0.00	0.00
角蒿(Incarvillea sinensis)	草本	0.10	0.01	0.00	0.00	0.00	0.01	0.00	0.08	0.00	0.05	0.00	0.00	0.00
鹅观草(Roegneria kamoji)	草本	0.15	0.19	0.00	0.01	0.00	0.00	0.00	0.00	0.00	0.00	0.00	0.00	0.00

表 5.6 不同群落之间的相似系数

	I	II	III	IV	V	VI	VII	VIII	IX	X	XI	XII	XIII
II	0.02												
III	0.74**	0.02											
IV	0.47	0.26	0.44										
V	0.26	0.37	0.24	0.50									
VI	0.55*	0.07	0.48	0.51	0.42								
VII	0.01	0.30	0.00	0.17	0.56*	0.19							
VIII	0.74**	0.00	0.63*	0.43	0.24	0.55*	0.03						
IX	0.01	0.02	0.00	0.03	0.02	0.13	0.04	0.00					
X	0.00	0.24	0.00	0.10	0.40	0.12	0.46	0.01	0.22				
XI	0.00	0.23	0.00	0.10	0.31	0.13	0.44	0.00	0.15	0.32			
XII	0.00	0.30	0.00	0.10	0.44	0.11	0.56*	0.01	0.10	0.42	0.65*		
XIII	0.00	0.28	0.00	0.12	0.40	0.13	0.44	0.00	0.12	0.36	0.50	0.48	

注：$N = 13$，* $p = 0.05$，** $p = 0.01$。

5.4　本章小结

5.4.1　旅游干扰对于森林群落植物科属、区系成分的影响

　　总体来看,干扰区出现的属和植物种数目明显大于非干扰区出现的属和植物种数目。例如,豆科,非干扰区只出现杭子梢属(*Campylotropis*)和野豌豆属(*Vicia*)共 2 属,干扰区则发现胡枝子属(*Lespedeza*)、野豌豆属、棘豆属(*Oxytropis*)、米口袋属(*Gueldenstaedtia*)、草木樨属(*Melilotus*)和苜蓿属(*Medicago*)共 6 属;伞形科,非干扰区出现峨参属(*Anthriscus*)和柴胡属(*Bupleurum*)2 属,干扰区则出现柴胡属、葛缕子属(*Carum*)、防风属(*Saposhnikovia*)和胡萝卜属(*Daucus*)4 属;非干扰区的禾本科有雀麦属(*Bromus*)和隐子草属(*Cleistogenes*)2 属,干扰区则出现针茅属(*Stipa*)、早熟禾属(*Poa*)、羊茅属(*Festuca*)、隐子草属、鹅观草属(*Roegneria*)、冰草属(*Agropyron*)、孔颖草属(*Bothriochloa*)、碱茅属(*Puccinellia*)、野青茅属(*Deyeuxia*)、画眉草属(*Eragrostis*)、狗尾草属(*Setaria*)、羊胡子草属(*Eriophorum*)、芦苇属(*Phragmites*)和臭草属(*Melica*)共 14 属。根据中国植物志记载(中国植物志,http://frps.eflora.cn/),非干扰区发现的禾本科的一些属大部分是天然优良的牧草资源,而干扰区出现的禾本科的一些属则大多与人类生活息息相关。具体来看,干扰区出现的禾本科植物有的具有经济价值(如狗尾草(*Setaria viridis*)),有的则是优质饲料(如画眉草属、野青茅属的很多植物种),总之,大部分有人类干扰的痕迹。干扰区植物种,除禾本科植物有这些特征外,菊科、蔷薇科和毛茛科植物也有类似的特点。菊科和蔷薇科植物种大部分具有经济价值,许多是庭院种植或栽培作物;毛茛科植物含多种化学成分,许多是药用植物,也有不少能栽培种植(中国植物志编委会,2004)。因此,菊科、蔷薇科和毛茛科这 3 科植物除野生种外,还有人工种植的,因此,它们在干扰区和非干扰区共同出现的频率也比较高。可见,适度人为干扰,确实可以增加物种丰富度。有学者认为,与放牧和全球气候变化相比,旅游活动是一种局部干扰(Scherrer and Pickering, 2001),可能这种局部干扰在一定区域的适度性,会增加植物种的丰富度,这符合中度干扰假说,即群落中适度水平的干扰,与较低或较高水平的干扰相比,物种的丰富度会增加(Grime, 1973;Connel, 1978),这也与许多研究结论是一致的(Mayor et al, 2012;Attua et al, 2017)。此外,干扰区植物种丰富度高于非干扰区也可能与不同植物种对外界环境胁迫作用的适应能力以及植物种本身特性有关(陈娟和李春阳,2014)。百合科、豆科、毛茛科、蔷薇科、菊科和禾本科均是大科,因此,这些植物种的分布均比较广泛(中国植物志编委会,2004),在干扰区和非干扰区都有出现;

此外,豆科、菊科植物抗干扰能力相对较强(林有润,1997;谢玉英,2007),所以豆科植物种在旅游干扰区出现的属数较多;禾本科植物是人类赖以生存的最重要的草本植物,可能由于植物体中内生菌的作用(王志伟 等,2010,2015),植物的适应和传播范围也比较强(Hoveland,1993),由此看来,植物种对人类干扰的生态适应性能力的大小也是各种因子综合作用的结果。本书还表明:在非干扰区和干扰区,单型种、单型属和单型科出现的频率相对都比较高,这与以下几种可能的原因有关。其一,可能与严酷和恶劣的生态因子有关。在干扰区,某些区域旅游活动相对较强烈,可能导致生态环境遭到破坏,植被的高度、盖度、多样性下降,物种组成也有所改变(Pickering and Hill,2007;Zhang et al,2012;Mason et al,2015);在非干扰区,取样海拔高度变化范围是 1520~2580 m,因此,海拔高度的增加导致自然条件越来越严酷,可能也会使一些不适宜在高寒环境中生长的物种逐渐被淘汰,进而导致植物单型现象发生。其二,有学者认为植物单型现象反映了植物的科在其进化过程中相反的两种情况,一种情况是一些新产生的科,其属和种还尚未分化;另一种情况是一些演化终极的科,其属和种已经消失,仅存在的是一些残遗种类,因此,通过分析某一区域植物的单型现象,可以展示其植物的进化历史以及现状(王振杰和赵建成,2010)。其三,可能与野外取样的局限性有关。本书共设置 76 个样地,尽管前期进行了细致的调研和试验,样地都根据采样规则进行科学设置,但具体采样过程中,可能由于某些地理位置的特殊性等原因,导致一些单型科、单型属和单型种的出现。

在干扰区和非干扰区,植物属和种的温带分布类型占比较高,这正好与本区域的气候条件相吻合。此外,世界分布和热带分布类型在植物属的区系分布中也占一定比例,说明属的区系地理成分特殊,例如,本书中的菊科,有很多属区系地理都有热带亲缘关系(林有润,1997)。本书还发现,除温带分布种外,植物种的区系中中国特有种也占一定的比例。植物种特有现象可能与地貌、土壤、气候、边缘效应、海岛隔离以及自然杂交等几个方面的因子有关,各大陆各异的特有现象和生物多样性是由于各大陆自然条件的多样性造成的(张宏达,1997)。五台山生物多样性较高,动植物资源也相对丰富,且由于其海拔高度差异较大,形成了多变的微气候环境,这可能导致了一些特有种的出现。另外,值得注意的一点是,干扰区出现的属或植物种的区系分布的比例略高于非干扰区,区系成分也相对丰富,有些属或植物种的分布类型仅出现在干扰区,这一方面可能与适度旅游活动有关,导致了相对复杂的区系成分和物种的丰富度;另一方面,也可能是旅游活动行为导致一些外来种入侵(Huiskes et al,2014;Barros and Pickering,2014),使物种丰富度增加。

5.4.2　旅游干扰对于森林群落结构单元的影响

非干扰区与干扰区区域生境特征差异显著,高位芽植物受人为活动干扰明显,在干扰区优势度降低,生态幅度变小,而地上芽、地面芽和一年生植物在人类干扰下,呈现出一定优势度,这可能是草本植物群落对人类干扰活动有更大适应性的原因(Palacio et al,2014)。有学者根据气候限制因子和人类干扰因素提出了 C−S−R 模型,即把植物分为 3 个类别:竞争型(C)、压迫忍耐型(S)和杂草型(R)(Grime,1974,1977;Grime et al,1988),由此可见,植物生活型在某种程度上也是对人类干扰的一种适应(Tarhouni et al,2017)。

生态型的分化是物种进化的基础,通过研究物种的生态型,不仅能够透视其生态适应形式以及种内的分化定型原因及过程,并且对于探讨物种进化的机制也有着重要的启示(骆世明,2010)。物种的生态型不同,其基因也不相同,这是自然选择的结果(Theunissen,1997)。另一方面,旅游活动也为某些外来入侵种的成功侵入创造了条件,而且,某些入侵种由于其特殊的生理生态机制,能在干旱环境中生存(Castillo et al,2007;杨永清和张学江,2010),因此,干扰区的植物种生态型表现多样化。

5.4.3　旅游干扰对于森林群落结构的影响

从以上研究结果可知,各群落由于限制因子的逐渐变化,生境特征差异显著,不同植物种相继出现。在干扰区,随着人类干扰的逐渐减弱,植物群落功能和结构由干扰状态下简单性和人为性的特点逐渐向非干扰状态下复杂性和原生性的特点过渡;在非干扰区,各群落处于自然演替状态,出现华北落叶松、白桦、白杆、臭冷杉和青杆等高海拔的中生性乔木种,出现金花忍冬、六道木、土庄绣线菊等蔷薇科、忍冬科的一些优势灌木种以及披针薹草、唐松草和无芒雀麦等草本层的优势种。同时,随着海拔高度的增大,在非干扰区还出现了一些蕨类植物,这也说明了非干扰区生境状况良好,华北落叶松群落正不断向顶极群落自然演替。

群落水平分布的不均匀性与很多因素有关,例如,植物种之间的种间关系、生物学的特性以及群落环境的异质性等,这些都可以导致群落水平分布的不均匀(孙儒泳,2002)。本书中,华北落叶松在有些群落中成丛或成斑块生长,而在其他一些群落中优势度却很低,甚至不存在,这种外在表现形式与植物种本身的特性、生境以及自然地理条件等因素有较大关系。此外,林冠下光照的不均匀性也会影响到林下植物的分布及其多样性(崔宁洁 等,2014;赵燕波 等,2016)。林窗下光照强的地方会生长较多阳性植物,而光照弱的地方,则会生长少量耐阴植物。非干扰区内白莲蒿、鹅观草、蓝花棘豆、角蒿等植物种的缺失或少见,主要可能的原因就是这些群落中乔木种密度大,群落郁闭度大,另外也可能与这些植物种的生活习性有关。

5.4.4　旅游干扰导致干扰区与非干扰区森林群落生态差异显著

　　总体来看,干扰区呈显著或极显著相关的群落较多一些,可能由于这些群落受到的旅游干扰程度或所处生境条件相似。非干扰区仅有群落Ⅺ与群落Ⅻ之间显著相关,其他群落之间没有表现出相关性,这表明非干扰区不同样地中的华北落叶松群落分别处在不同的自然演替阶段,其整体特征上仍然存在一定生态差异。干扰区和非干扰区除群落Ⅶ与群落Ⅻ之间呈显著相关外,其他群落之间的相似系数都非常小。由此可见,在不同的限制因子作用下,两个区域森林群落有不同生态特性。

　　干扰在自然界是一种普遍现象,干扰会导致群落中不时地发生断层、新演替、斑块状镶嵌等变化,这些都可能成为产生、维持森林物种多样性的一种有力的手段(孙儒泳,2002)。因此,如何将人类活动,如旅游活动控制在适度干扰范围之内,借此来增加自然界生物的多样性,而不是简单地去排除和限制,这应该是许多旅游景区的生态管理者需要认真思考和探讨的问题。当前,也有很多学者针对植被或旅游承载力开展研究(熊鹰,2013;方广玲 等,2018;张雅梅和郭芳,2011),这或许会给旅游景区生态管理者提供一种思路和借鉴。

　　本章主要研究结论如下:

　　(1)过度的人类干扰活动(旅游活动)会导致森林群落生境质量一定程度的下降,然而,适度的人类干扰却导致植物种丰富度增加。如何合理调控旅游活动,而不是简单排斥,值得旅游景区的生态环境管理者认真思考和探讨;

　　(2)五台山植物种分布类型与其自然地理特征基本一致,植被总体来看,处于自然演替过程中。

第6章　旅游干扰下森林群落中物种
多样性的生态响应

中国是世界上生物多样性非常丰富的国家之一,我国于1993年1月加入《生物多样性公约》,成为率先加入公约的缔约国之一。近20多年来,我国认真履行自己的承诺,在国内生物多样性保护方面开展了一系列卓有成效的工作,但是面对全球气候变化等因素的影响,我国生物多样性保护工作同样仍然面临着巨大的威胁和挑战(薛达元 等,2012)。当前,国内学者针对生物多样性开展的研究颇多,涉及的内容也非常广泛,有生物多样性与生态系统功能之间关系的研究(徐炜 等,2016);有人类干扰对群落生物多样性影响的研究(Cole,1978;郭正刚 等,2004;郑伟 等,2008);也有探讨生境破碎化对生物多样性影响的研究等(武晶和刘志民,2014),但总体来看,大部分均是针对濒危物种(臧振华 等,2015;周世良 等,2015)、海洋以及湿地生物多样性的研究(黄备 等,2016;付秀梅 等,2018;肖洋 等,2018;刘世栋和高峻,2012;杨杰峰 等,2017),针对温带森林生态系统的研究则较少。在当前旅游业迅速发展的背景下,旅游景区生态环境受到破坏,物种多样性受到威胁,因而探讨旅游干扰影响下物种多样性的变化,对于旅游景区的生态环境建设和物种多样性的保护尤为重要。

物种多样性是一个群落结构和功能复杂性的度量,是生态系统多样性研究的核心内容。同时,物种多样性也是衡量景区生态环境质量的重要指标之一(Rai et al,1997;Pickering and Hill,2007)。在旅游景区,践踏、刻划和交通工具是旅游干扰的主要形式。践踏一方面可对植物地上部分造成直接机械性伤害,从而影响植物的生长;另一方面,通过影响土壤来间接影响植物的生长发育。所有这些影响又有交互作用,从而加重了对植被的破坏,严重时可导致植被种类组成和结构的改变,甚至造成植被的消失。刻划则主要影响林木的美观,并可能导致病虫危害。旅游车辆将当做植物种子传播的工具,可能导致旅游地杂草横行(石强等,2006)。干扰通过对资源的有效性产生作用,从而影响到不同生活史物种对资源的竞争或分享,因此,干扰对群落内物种的共存具有重要作用(刘艳红和赵惠勋,2000)。目前关于干扰与物种多样性的关系是研究的热点。非生物或生物因子的干扰,对物种多样性的分布有很大的影响,干扰并非只能削弱物种的多样性,小规模的中等程度频率干扰可能会丰富物种的多样性。中度干扰假说提出,物种丰富度在中度干扰水平时最大,中度干扰可提高物种的多样性(Grime,1973;Connel,1978)。本章在第 4 章内容基础之上,以 13 个森林群落为研究对象,利用丰富度指数(species richness)、均匀度指数(species evenness)和多样性指数(diversity),研究多样性与群落结构的关系、多样性指数间的关系等,以此探讨不同森林群落中物种多样性对旅游干扰的生态响应,以期揭示旅游干扰对物种影响的规律性,通过对五台山景区旅游干扰和非干扰作用下物种多样性的研究,可以很好地认识植物群落的组成、变化和发展,为该区域生物多样性的保护和持续利用提供参考。

6.1　样地设置及生态学调查

样地设置及生态学调查见第 4 章 4.1 节样地设置及生态学调查。

6.2　物种多样性变化研究方法

6.2.1　物种多样性的测度

利用丰富度指数、均匀度指数和多样性指数(张金屯,2004),研究不同类型的森林群落中物种多样性的差异,乔木、灌木和草本各物种重要值一起参与计算,计算公式如下:

丰富度指数:

Patrick 指数:$R = S$　(Patrick,1949)　　　　　　　　　　　　　　　(6.1)

Margalef 指数:$R_1 = \dfrac{S-1}{\ln(N)}$　(Margalef,1958)　　　　　　　　　　(6.2)

Menhinick 指数:$R_2 = \dfrac{S}{\sqrt{N}}$　(Menhinick,1964)　　　　　　　　　(6.3)

物种多样性指数:

Simpson 指数:$\lambda = \sum\limits_{i=1}^{S} \dfrac{N_i(N_i-1)}{N(N-1)}$　(Pielou,1958)　　　　　　(6.4)

Shannon－Wiener 指数：$H' = -\sum_{i=1}^{S}(\frac{N_i}{N})\ln(\frac{N_i}{N})$ 　（Pielou,1958）　　　　　(6.5)

Hill 的多样性指数：　$N_1 = e^{H'}$ 　　（Hill,1973）　　　　　　　(6.6)

$$N_2 = \frac{1}{\lambda}$$ 　　（Hill,1973）　　　　　　　(6.7)

均匀度指数：

Pielou 指数：$E_1 = \frac{H'}{\ln(S)}$ 　　（Pielou,1975）　　　　　(6.8)

Sheldon 指数：$E_2 = \frac{e^{H'}}{S}$ 　　（Sheldon,1969）　　　　(6.9)

Heip 指数：$E_3 = \frac{e^{H'}-1}{S-1}$ 　　（Heip,1974）　　　　　(6.10)

Hill 指数：$E_4 = \frac{N_2}{N_1}$ 　　（Hill,1973）　　　　　　(6.11)

修正的 Hill 指数：$E_5 = \frac{N_2-1}{N_1-1}$ （Alatalo,1981）　　　(6.12)

式中,S 为每一样地中的物种总数;N 为 S 个种的全部重要值之和;N_i 为第 i 个种的重要值。在计算过程中,首先,计算每个样地的物种多样性,将所有乔、灌、草各物种一起直接参与多样性的计算。其次,计算不同群落类型的物种多样性,将在同一类型森林群落中的所有样地的多样性指数分别加权平均,即得该群落类型的多样性指数值。

6.2.2　群落物种多样性与限制因子关系分析

研究分析干扰区森林群落物种多样性与旅游影响系数间的关系,以及非干扰区森林群落物种多样性与海拔间的关系。

6.3　森林群落的物种多样性

6.3.1　不同森林群落类型的多样性

根据 TWINSPAN 分类结果,所研究的 76 个样地被分成 13 个不同的群落类型(见第 4 章),13 个森林群落的丰富度指数、均匀度指数和多样性指数分别见图 6.1、图 6.2 和图 6.3。不同森林群落类型的多样性在旅游干扰区,即从群落 I 到群落 Ⅷ,由于各群落所处的发育阶段不同,坡度、坡向等生境条件存在一定的差异,由此会引起土壤厚度、有机质含量和水分条件等的一些变化,加之一定的旅游干扰,多样性可能会增大,但干扰太大,多样性又会下降,因此,在某些地段三种多样性指数会出现一些波动,但大体趋势是增大的,这可能是由于旅游干扰活动逐渐减小的原因所致。从图中还可看出,无论是物种丰富度指数、均匀度指数,还是多样性指数,大体上都在群落Ⅵ和群落Ⅶ处达到最大,这主要可能由于群落Ⅵ和群落Ⅶ海拔较高,旅游活动干扰较小,因此,与干扰区其他群落相比,森林群落向良好的阶段发展演替,群落结构复杂,乔木、灌木、草本较为协调,层次较为分明,所以它们的物种丰富度、均匀度和多样性指数都较高。

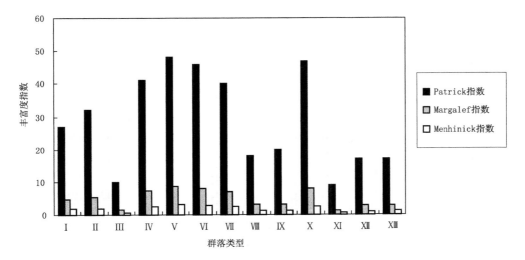

图 6.1　13 个森林群落的丰富度指数

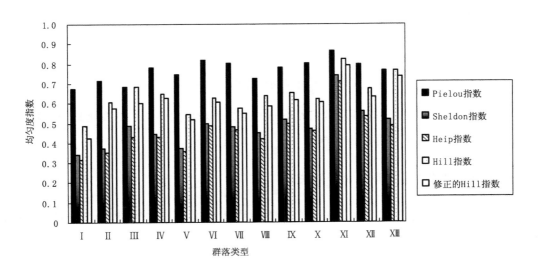

图 6.2　13 个森林群落的均匀度指数

　　在旅游非干扰区,即从群落Ⅸ到群落ⅩⅢ,三种指数都呈现出一些波动,这可能是由于群落Ⅸ是白桦群落,与其他 4 个华北落叶松群落类型不同所致,但总体上三种指数呈下降的趋势。由图可知(图 6.1、图 6.2 和图 6.3),物种丰富度指数和多样性指数均在群落Ⅹ处达到最大,但均匀度指数则在群落Ⅺ处达到最大。这主要由于群落处于发展演替阶段,在演替的中间阶段,群落结构复杂,丰富度和多样性指数较高,但随着演替的进行,群落结构越来越稳定,物种多样性也趋向稳定,因而,从演替的中间阶段到顶极阶段,物种多样性有一个下降的趋势。至于均匀度指数在群落Ⅺ处达到最大,这可能是由于该群落类型设计的样地较少(只有一个样地)所致,因而物种的均匀度较高。

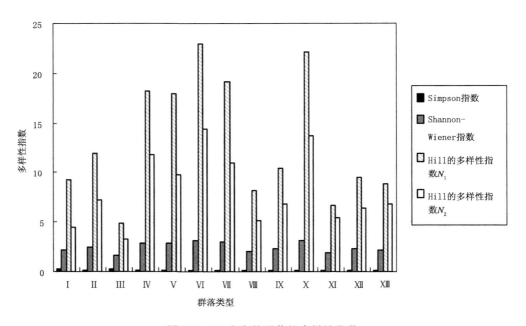

图 6.3　13 个森林群落的多样性指数

　　从图 6.1、图 6.2 和图 6.3 可知,三种不同的指数表现出大体一致的变化趋势,即各群落的物种多样性指数表现出明显的差异。

6.3.2　群落物种多样性与限制因子的关系

　　由图 6.4 可知,在干扰区,随着旅游影响系数的增大,丰富度指数、均匀度指数和多样性指数都呈现出一个减小的趋势,而 Simpson 指数则呈现出相反的变化规律,即随旅游影响系数的增大,Simpson 指数呈上升的趋势,这可能是由于 Simpson 指数反映的是优势种在群落中的作用,所以表现有所不同。可见,物种多样性与森林群落的生境以及旅游影响程度有着

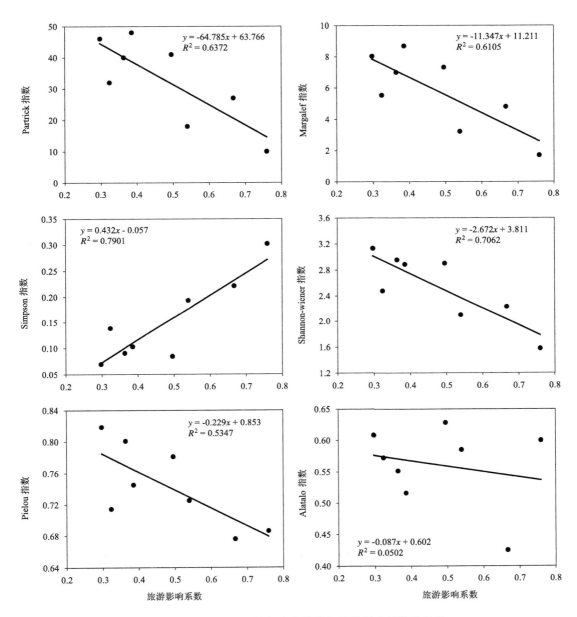

图 6.4 干扰区森林群落物种多样性与旅游影响系数的关系

密切的关系。旅游干扰作用强烈的地段,植被破坏严重,生态环境恶化,植物种类数量下降,因此,多样性指数有所降低,但在旅游干扰作用较弱的地段,生态环境质量明显有所好转,森林群落逐渐向良好的方向过渡演替,植物种类可能有所上升,多样性指数也逐渐增大。

非干扰区森林群落海拔 1520~2580 m,由图 6.5 可知,除 Simpson 多样性指数和 Alatalo 均匀度指数外,其他指数都大致呈现出随着海拔高度的增加而下降的趋势。这可能是由

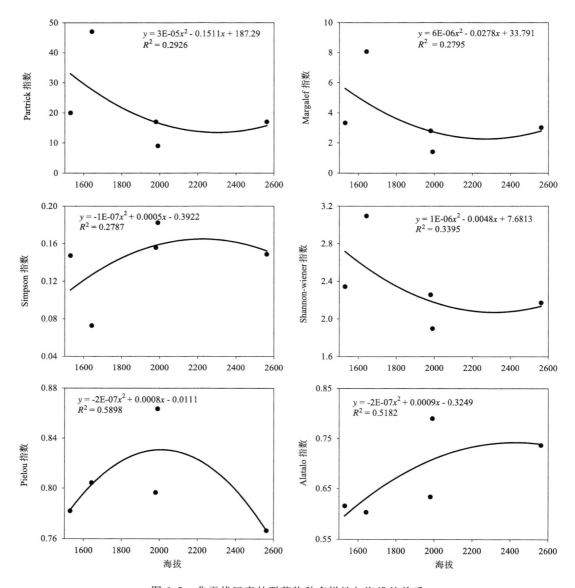

图 6.5　非干扰区森林群落物种多样性与海拔的关系

于非干扰区森林群落随着海拔高度的增加,华北落叶松群落逐步向顶极群落演替,因而其群落结构趋于稳定,多样性指数较演替中期有所降低。而 Simpson 指数所反映的是优势种在群落中的作用,随着群落逐步向顶极群落演替,优势种逐渐占主导地位,因此,Simpson 指数有所增大。至于 Alatalo 指数随着海拔也有增加的趋势,这可能是由于海拔的升高,自然生境条件趋于恶劣,一些不适应高寒气候的植物种类也趋于消失,从而致使适应高寒生境物种的均匀性有所增大。

6.4　本章小结

由群落物种多样性研究可知,首先,各项指数与群落类型有关,群落物种数量越多,其丰富度则较大;群落结构越复杂,层次越分明,其多样性指数越大,如群落Ⅵ、群落Ⅶ和群落Ⅹ,它们的三种多样性指数都比结构简单的群落Ⅰ、群落Ⅱ要大。其次,各项指数与群落发展的限制因素有关,干扰区群落多样性主要受旅游干扰的影响,非干扰区群落多样性主要受海拔等自然条件的影响。

干扰区森林群落物种多样性与旅游影响系数的关系研究表明,随着旅游影响的增大,除Simpson指数外,其他丰富度、均匀度和多样性指数都呈现出下降的趋势。可见,人为干扰影响群落的物种组成和结构,使群落结构简单化,物种数下降,均匀度降低,不利于群落的发展演替。

非干扰区森林群落物种多样性与海拔的关系研究表明,非干扰区群落随着海拔高度的增大,除Simpson指数和Alatalo指数外,其他指数都呈现出下降的趋势。这种多样性的变化趋势与这些群落随着海拔升高而向顶极阶段演替的趋势相一致。

第 7 章　结　论

7.1　探讨旅游干扰对景区植被影响的生态环境意义

　　五台山位列我国佛教四大名山之首,1992 年林业部批准为"国家森林公园",2005 年通过第四批国家地质公园评审,成为"国家地质公园",2007 年国家旅游局审定为"首批国家AAAAA 级旅游景区",2009 年在第 33 届世界遗产大会上被正式列入《世界遗产名录》。作为著名的旅游景点,五台山每年吸引着大量的海内外游客前来观光旅游,由于游客在时间和空间上的分布具有一定的集中性,因此,五台山旅游活动对植被不可避免地会形成一定程度的干扰,尤其是旅游干扰对景区物种多样性的影响更值得人们关注。物种多样性既是生物之间、生物与环境之间复杂关系的体现,也是生物资源丰富多彩的标志。它不仅为人类提供了诸多可供利用的自然资源,而且具有更重要的生态价值,对于人类社会的可持续发展具有重要的意义(张金屯,2003)。关于旅游活动对植物种多样性的研究已有诸多成果,例如,Rai 等(1997)以锡金为例,分析了旅游量和生物多样性的动态变化以及旅游对资源、环境和社区经济文化的影响,并提出了如何管理旅游量的对策;Scherrer 和 Pickering(2001)以澳洲国家公园为例,研究了放牧、旅游和气候变化对山地植被的影响,并认为放牧的影响具有广泛性,旅游的影响是局部性的,气候变化则会影响到本土的植物群落;Pickering 和 Hill(2007)综述了澳大利亚旅游对植物多样性和植被影响的研究,提出了未来旅游生态研究的建议。在我国,针对旅游干扰对物种多样性影响的研究也非常多,有旅游活动对亚高山草甸物种多样性影响方面的研究(高贤明 等,2002),有旅游活动干扰对林下植物种类组成与物种多样性影响方面的研究(朱珠 等,2006),还有学者就旅游活动对附生苔藓植物组成和结构影响方面的研究(闫晓丽 等,2009),但总体看来,针对五台山植物多样性和植被生态学方面的研究,除本书的研究成果外,则比较少见。生物多样性(Biodiversity)是地球上所有生命形式的总和,通常包括遗传多样性、物种多样性以及生态系统多样性。生物多样性与人们的生活密切相关,也是人类赖以生存的基础。当前,伴随人类活动的日益频繁以及全球气候变化的加剧,全球环境问题凸显,尤其是其导致的生物多样性丧失的问题引起了国际社会的广泛关注,因此,面对生物多样性保护的严峻形势,如何更好地协调发展和保护的关系一直是旅游景区所面临的难题,而在旅游活动影响下,植被所表现出的生态特性是景区生态环境质量优劣的重要指征,具有一定的预警功能,尤其是近些年来,很多学者从不同角度探讨旅游发展与生态、环境承载力之间的关系,因为只有识别植被对旅游干扰的这些反馈,才能进一步探讨旅游干扰与生态环境保护的关系,为旅游景区环境管理者的决策提供佐证,对景区的干扰与保护进行科学调控。

7.2　以五台山作为实证研究区域的现实意义

本书以五台山作为探讨旅游干扰对物种多样性影响的实证研究区域,有着非常重要的现实意义。首先,五台山是世界文化景观遗产,享有极高的社会声誉,选择该区域进行实证研究,其研究结论能对公众起到一定的警示作用,也能引起社会的广泛关注。其次,五台山是世界闻名的旅游景点,每年接待的游客数量庞大,选择该区域进行实证研究,具有一定的代表性,其研究结论能够服务于景区的生态管理。最后,五台山是典型的温带山地型景区,且植被类型丰富,垂直带谱层次分明,森林植被具有多样性和复杂性,是研究物种多样性变化的典型区域,通过该区域的实证研究,可以补充和完善温带山地型景区旅游干扰下物种多样性变化的相关内容体系,为我国山地型景区物种多样性的变化研究提供重要的数据支撑和研究经验。

7.3　主要结论

本书基于野外样地设置及生态学调查基础之上,主要采用双向指示种分析(Two-Way Indicator Species Analysis,TWINSPAN)和除趋势对应分析(Detrended Correspondence Analysis,DCA)等数量生态学分析方法,通过一些评价指标的构建,以作者近年来针对五台山旅游干扰对植被影响的若干研究成果为核心,系统地从旅游干扰活动对五台山植被多样性、群落结构等不同方面进行综合剖析和评价,通过宏观和中观的不同视角揭示植被对于旅游干扰的生态响应,总体来看,本书主要结论如下。

（1）五台山旅游活动，未对整体景观造成较大影响，但局部来看，旅游活动导致局地生态环境质量下降，且过度旅游活动导致物种多样性降低；同时，本书的研究结果也表明，不同研究区域适度旅游活动会导致物种丰富度增加。因此，只有了解物种多样性变化的反馈信息，才能更好地协调旅游开发与生态环境管理之间的尺度和关系。

（2）将 TWINSPAN 和 DCA 等数量生态学分析方法与旅游干扰的相关因子相结合探讨五台山森林植被对旅游干扰的生态响应，能很好地反映旅游活动导致的景区物种多样性的变化，这对于未来数量表达旅游干扰与物种多样性的关系提供了借鉴和参考。

（3）从物种对旅游干扰的生态响应来看，干扰区出现的属和植物种的数目明显大于非干扰区出现的属和植物种的数目，可能某些群落适度水平的干扰，增加物种的丰富度，这也符合中度干扰假说。百合科、豆科、毛茛科、蔷薇科、菊科和禾本科均是大科，这些科在干扰区和非干扰区均有出现；禾本科、豆科和菊科植物种抗干扰能力最强。此外，干扰区和非干扰区域单型科、单型属、单型种出现的频率较高，第一，可能与严酷恶劣的生态因子有关；第二，可能与植物进化的历史和现状有关（王振杰和赵建成，2010）；第三，可能与野外采样的局限性有关。

（4）从植物属和种的区系地理成分看，无论是干扰区还是非干扰区，温带分布类型都占有很大的比例，这与本区属于温带大陆性季风气候相一致。就物种属的区系成分看，世界分布类型和热带分布类型也占有一定的比重，说明属的区系地理成分特殊。就种的区系看，中国特有分布种明显增多，这可能与五台山特有的温度、气候以及较大的海拔高度差异形成的多变的微气候环境有关。此外，干扰区的区系成分比非干扰区的相对丰富，说明旅游活动使得其区系成分相对复杂。

（5）从森林群落的结构单元来看，非干扰区和干扰区区域生境特征差异显著，高位芽植物受人为活动干扰明显，在干扰区优势度降低；地上芽、地面芽和一年生植物在人类干扰下，呈现出一定优势度。这可能与草本植物对人类干扰的适应性有关（Palacio et al，2014；Tarhouni et al，2017）。从物种生态型特征看，13 个群落中生植物种生态优势比较明显，这与本书所涉及的研究区域的气候条件相一致。总体来看，干扰区植物种生态型复杂多样，非干扰区植物种生态型则相对单一。

（6）对于群落的垂直结构，从总体来看，从旅游干扰区的群落Ⅰ到非干扰区的群落ⅩⅢ，各乔木层、灌木层和草本层的平均盖度、物种数都有增大的趋势，说明森林植被的质量越来越好；其次，灌木层在干扰区从无到有的变化趋势，说明旅游干扰在逐渐减弱，而灌木层在非干扰区从有到无的变化趋势，则说明了植被自然演替的发展轨迹。各群落内随着限制因子的逐步替变，相继出现不同的植物种。干扰区不同物种的相继出现，以及灌木层从无到有的替变,说明植物群落的结构和功能都在由简单性和人为性向复杂性和原生性逐步过渡。在非干扰区,不同物种的相继出现,尤其是蕨类植物的出现,以及灌木层从有到无的发展趋势,都强有力地说明了华北落叶松群落不断向顶极群落演替的自然历程。群落水平分布的不均匀性与很多因素有关,本书中华北落叶松在有些群落中成丛或者成斑块生长,与其物种本身特性、生境等有关。

(7)利用相似系数来衡量群落整体结构的特征差异,从总体上看,13 个群落之间呈显著或极显著相关的群落较少。旅游干扰区的群落和非干扰区的群落之间,大部分相似系数非常小,表明干扰区的群落和非干扰区的群落之间存在着明显的生态差异。干扰区有些森林群落之间的相似性呈极显著或显著,这其中的原因除它们都是青杨群落外,还可能由于这些群落受到的旅游干扰程度和所处的生境条件相同或相近。在非干扰区的华北落叶松群落之间,除群落Ⅺ和群落Ⅻ间呈显著相似之外,其他群落之间的相似性不明显,这说明不同华北落叶松群落在群落结构的整体特征上还存在一定的生态距离,它们分别处于不同的演替阶段。

(8)群落物种多样性研究表明,不同的森林群落由于植被类型、生境、演替阶段、干扰强度等影响因素的不同,生物多样性呈现出不同的变化趋势。在旅游干扰区,随着旅游干扰逐渐减弱的变化趋势,三种指数总体上都呈现出增大的趋势,而在非干扰区,伴随着海拔的升高,森林群落逐渐向顶极群落演替,这三种指数又呈现出一种大体下降的变化趋势。13 个森林群落中的物种丰富度、均匀度和多样性指数较好地反映了旅游干扰下五台山森林植被的物种组成和群落组织化水平方面的差异。干扰区森林群落物种多样性与旅游影响系数的关系研究表明,随着旅游影响的增大,除 Simpson 指数外,其他丰富度、均匀度和多样性指数都呈现出下降的趋势。可见,人为干扰影响群落的物种组成和结构,使群落结构简单化,物种数下降,均匀度降低,不利于群落的发展演替。非干扰区森林群落物种多样性与海拔的关系研究表明,非干扰区群落随着海拔高度的增大,除 Simpson 指数和 Alatalo 指数外,其他指数都呈现出下降的趋势。这种多样性的变化趋势与这些群落随着海拔升高而向顶级阶段演替的趋势相一致。

7.4　主要创新点

本书的主要创新点体现在以下几个方面。

(1)研究对象具有代表性。五台山是典型的温带山地型景区,海拔高度差异较大,植被垂直带谱明显,本书将"植被对旅游干扰的生态响应"与"五台山"这一特殊地理区域联系起来,深入探讨旅游活动干扰对该景区植被的影响,这必将会丰富温带山地型景区旅游干扰下物种多样性变化的内容,为温带山地型景区的环境管理提供参考。

(2)研究内容具有层次性。从整体来看,本书首次采用宏观与中观相结合的方式,探讨旅游干扰对景区植被的影响。首先,通过现代先进的遥感和 GIS 手段,从宏观上探讨旅游干扰下整个五台山景区景观特征的变化;其次,从中观视角上,针对旅游干扰区和非干扰区植被的生态差异等不同方面展开探讨,"由大及小",通过逐层递进的方式,揭示旅游干扰对景区植被的影响。从具体内容来看,涉及植物种的科属特性、区系特征、群落结构、生活型、生态型以及物种多样性等对旅游干扰的生态响应。多层次、多角度地揭示旅游干扰对植被影响的特点和规律,这在其他的研究著作中比较少见,具有创新性。

(3)研究手段具有创新性。本书采用双向指示种分析(Two－Way Indicator Species A-nalysis,TWINSPAN)和除趋势对应分析(Detrended Correspondence Analysis,DCA)等数量生态学分析方法,并结合旅游景的旅游影响系数、景观重要值、物种多样性等具体指标,并以"五台山"作为实证研究区域,探讨旅游干扰对于景区植被的影响,有利于将来旅游干扰对植被影响的量化表达,这在其他著作中比较少见,也为将来的研究指明了方向,这种创新性有利于景区环境管理者对于景区管理的精确调控。

7.5　主要不足之处

总体看来,本书有以下主要不足之处。

(1)仅针对森林群落展开研究,而对于五台山其他植被类型,如草甸、湿地等均未涉及;同时,仅从宏观和中观视角探讨旅游干扰对物种多样性的影响,而对于植被与土壤以及微生物之间的关系等微观层面未做探讨,这些工作在后续研究中将会深入开展下去。

(2)旅游干扰下植被的变化是一个持续发展的动态变化过程,而本书仅选取了一定的时间跨度,因此,还需要进行长期的研究和监测。

(3)本书探讨的旅游干扰对植被的影响,仅是针对温带山地型景区的实际情况而展开,未考虑其他气候区域的植被类型,因此,后续研究工作应该有更广阔的地带性视角,以点带面,以丰富旅游干扰对植被影响的数量表达。

附录Ⅰ　书中主要植物种类别

植物种名称	拉丁名	植物种类别
华北落叶松	*Larix principis-rupprechtii*	乔木
白桦	*Betula platyphylla*	乔木
辽东栎	*Quercus wutaishanica*	乔木
色木槭	*Acer mono*	乔木
山杨	*Populus davidiana*	乔木
山柳	*Salix pseudotangii*	乔木
榆树	*Ulmus pumila*	乔木
臭冷杉	*Abies nephrolepis*	乔木
白杆	*Picea meyeri*	乔木
青杆	*Picea wilsonii*	乔木
青杨	*Populus cathayana*	乔木
山杏	*Armeniaca vulgaris*	乔木
油松	*Pinus tabuliformis*	乔木
毛榛	*Corylus mandshurica*	乔木
陕西荚蒾	*Viburnum schensianum*	灌木
多花胡枝子	*Lespedeza floribunda*	灌木

植物种名称	拉丁名	植物种类别
六道木	*Abelia biflora*	灌木
小叶忍冬	*Lonicera microphylla*	灌木
金花忍冬	*Lonicera chrysantha*	灌木
沙梾	*Swida bretschneideri*	灌木
巧玲花	*Syringa pubescens subsp. microphylla*	灌木
美蔷薇	*Rosa bella*	灌木
土庄绣线菊	*Spiraea pubescens*	灌木
迎红杜鹃	*Rhododendron mucronulatum*	灌木
刚毛忍冬	*Lonicera hispida*	灌木
山刺玫	*Rosa davurica*	灌木
红丁香	*Syringa villosa*	灌木
杭子梢	*Campylotropis macrocarpa*	灌木
卫矛	*Euonymus alatus*	灌木
四川忍冬	*Lonicera szechuanica*	灌木
东北茶藨子	*Ribes mandshuricum*	灌木
鼠李	*Rhamnus davurica*	灌木
大花溲疏	*Deutzia grandiflora*	灌木
华北珍珠梅	*Sorbaria kirilowii*	灌木
三裂绣线菊	*Spiraea trilobata*	灌木
胡枝子	*Lespedeza bicolor*	灌木
水栒子	*Cotoneaster multiflorus*	灌木
虎榛	*Ostryopsis davidiana*	灌木
沙棘	*Hippophae rhamnoides*	灌木
灰栒子	*Cotoneaster acutifolius*	灌木

续表

植物种名称	拉丁名	植物种类别
黄芦木	*Berberis amurensis*	灌木
山蒿	*Artemisia brachyloba*	草本
唐松草	*Thalictrum aquilegifolium* var. *sibiricum*	草本
玉竹	*Polygonatum odoratum*	草本
冷蕨	*Cystopteris fragilis*	草本
披针薹草	*Carex siderosticta*	草本
舞鹤草	*Maianthemum bifolium*	草本
蓬子菜	*Galium verum*	草本
地榆	*Sanguisorba officinalis*	草本
糙苏	*Phlomis umbrosa*	草本
东方草莓	*Fragaria orientalis*	草本
歪头菜	*Vicia unijuga*	草本
牛扁	*Aconitum barbatum* var. *puberulum*	草本
猪殃殃	*Galium aparine* var. *tenerum*	草本
小花草玉梅	*Anemone rivularis* var. *flore-minore*	草本
无芒雀麦	*Bromus inermis*	草本
风毛菊	*Saussurea japonica*	草本
双花堇菜	*Viola biflora*	草本
峨参	*Anthriscus sylvestris*	草本
黄精	*Polygonatum sibiricum*	草本
山韭	*Allium senescens*	草本
小红菊	*Dendranthema chanetii*	草本
茖葱	*Allium victorialis*	草本
穿龙薯蓣	*Dioscorea nipponica*	草本

续表

植物种名称	拉丁名	植物种类别
糙隐子草	*Cleistogenes squarrosa*	草本
费菜	*Sedum aizoon*	草本
草芍药	*Paeonia obovata*	草本
烟管头草	*Carpesium cernuum*	草本
珠芽蓼	*Polygonum viviparum*	草本
对叶兰	*Listera puberula*	草本
卷耳	*Cerastium arvense*	草本
平车前	*Plantago depressa*	草本
野艾蒿	*Artemisia lavandulaefolia*	草本
远志	*Polygala tenuifolia*	草本
铁杆蒿	*Artemisia sacrorum*	草本
苍术	*Atractylodes lancea*	草本
轮叶马先蒿	*Pedicularis verticillata*	草本
蓝花棘豆	*Oxytropis caerulea*	草本
龙芽草	*Agrimonia pilosa*	草本
硬质早熟禾	*Poa sphondylodes*	草本
毛茛	*Ranunculus japonicus*	草本
红柴胡	*Bupleurum scorzonerifolium*	草本
铃铃香青	*Anaphalis hancockii*	草本
大丁草	*Gerbera anandria*	草本
鼠掌老鹳草	*Geranium sibiricum*	草本
鼠麹草	*Gnaphalium affine*	草本
华北蓝盆花	*Scabiosa tschiliensis*	草本
山野豌豆	*Vicia amoena*	草本

续表

植物种名称	拉丁名	植物种类别
秦艽	*Gentiana macrophylla*	草本
北乌头	*Aconitum kusnezoffii*	草本
假报春	*Cortusa matthioli*	草本
橐吾	*Ligularia sibirica*	草本
林风毛菊	*Saussurea sinuata*	草本
紫菀	*Aster tataricus*	草本
节节草	*Equisetum ramosissimum*	草本
藜芦	*Veratrum nigrum*	草本
柳兰	*Epilobium angustifolium*	草本
鹿蹄草	*Pyrola calliantha*	草本
大火草	*Anemone tomentosa*	草本
米口袋	*Gueldenstaedtia verna subsp. multiflora*	草本
蓝刺头	*Echinops latifolius*	草本
石竹	*Dianthus chinensis*	草本
葛缕子	*Carum carvi*	草本
并头黄芩	*Scutellaria scordifolia*	草本
角蒿	*Incarvillea sinensis*	草本
繁缕	*Stellaria media*	草本
升麻	*Cimicifuga foetida*	草本
大针茅	*Stipa grandis*	草本
阿尔泰狗娃花	*Heteropappus altaicus*	草本
紫羊茅	*Festuca rubra*	草本
铃兰	*Convallaria majalis*	草本
北柴胡	*Bupleurum chinense*	草本

植物种名称	拉丁名	植物种类别
委陵菜	*Potentilla chinensis*	草本
冰草	*Agropyron cristatum*	草本
草木犀	*Melilotus officinalis*	草本
鹅观草	*Roegneria kamoji*	草本
黄花蒿	*Artemisia annua*	草本
南苜蓿	*Medicago polymorpha*	草本
牡蒿	*Artemisia japonica*	草本
香薷	*Elsholtzia ciliata*	草本
线叶蒿	*Artemisia subulata*	草本
车前	*Plantago asiatica*	草本
旋覆花	*Inula japonica*	草本
碱茅	*Puccinellia distans*	草本
防风	*Saposhnikovia divaricata*	草本
瓣蕊唐松草	*Thalictrum petaloideum*	草本
白羊草	*Bothriochloa ischaemum*	草本
山蚂蚱草	*Silene jenisseensis*	草本
白花草木犀	*Melilotus albus*	草本
野青茅	*Deyeuxia arundinacea*	草本
狗尾草	*Setaria viridis*	草本
胡萝卜	*Daucus carota* var. *sativa*	草本
细叶沙参	*Adenophora paniculata*	草本
蒲公英	*Taraxacum mongolicum*	草本
画眉草	*Eragrostis pilosa*	草本
芦苇	*Phragmites australis*	草本

续表

植物种名称	拉丁名	植物种类别
野亚麻	*Linum usitatissimum*	草本
茅莓	*Rubus parvifolius*	草本
黄花铁线莲	*Clematis intricata*	草本
茜草	*Rubia cordifolia*	草本
龙须菜	*Asparagus schoberioides*	草本
瞿麦	*Dianthus superbus*	草本
高山蓼	*Polygonum alpinum*	草本
展枝唐松草	*Thalictrum squarrosum*	草本
鳞叶龙胆	*Gentiana squarrosa*	草本
白毛羊胡子草	*Eriophorum vaginatum*	草本
长芒草	*Stipa bungeana*	草本
华北耧斗菜	*Aquilegia yabeana*	草本
山丹	*Lilium pumilum*	草本
三花莸	*Caryopteris terniflora*	草本
抱草	*Melica virgata*	草本
复盆子	*Rubus idaeus*	草本
达乌里胡枝子苗	*Tree seedling of Lespedeza daurica*	草本

附录Ⅱ　书中重点词一览表

第 2 章

滹沱河（Hutuo river）

台怀镇（Taihuai town）

生态旅游（Ecotourism）

第 3 章

旅游干扰（Tourism disturbance）

第 4 章

样地（Sample plot）

重要值（Important value）

乔木（Tree）

灌木（Shrub）

草本（Herb）

干扰区域（Disturbed region）

非干扰区域（Undisturbed region）

坡向（Aspect）

坡度（Slope）

海拔（Elevation）

盖度（Coverage）

多度（Abundance）

高度（Height）

腐殖层厚度（Humus thickness）

优势种（Dominant species）

生态位宽度（Niche breadth）

自然地理因子（Physical geographical factor）

旅游影响系数（Tourism influencing index）

伴人植物种（Human-associated species）

群丛（Association）

顶极群落（Climax community）

生态种组（Ecological group）

生境（Habitat）

第 5 章

科（Family）

属（Genus）

种（Species）

生活型（Life form）

生态型（Ecotype form）

属的分布区类型及变型（Areal-types and subtypes of genera）

世界分布属（Cosmopolitan）

1 世界分布（Cosmopolitan）

热带分布属（Trop. ）

2 泛热带分布（Pantropic）

4 旧世界热带分布（Old World Trop. ）

温带分布属（Temp. ）

8 北温带分布（N. Temp. ）

8-2 北极-高山分布（Arctic-Alpine）

8-4 北温带和南温带（全温带）间断（N. Temp. & S. Temp. （Temp. ） disjuncted）

9 东亚和北美洲间断（E. Asia & N. Amer. Disjuncted）

9-1 东亚和墨西哥间断（E. Asia & Mexico disjuncted）

10 旧世界温带分布（Old World Temp. ）

10-1 地中海区、西亚和东亚间断(Medit.，W. Asia & E. Asia disjuncted)

10-3 欧亚和南非洲(有时也在大洋洲)间断(Eurasia & S. Afr.（sometimes also Oceania）disjuncted)

11 温带亚洲分布(Temp. Asia)

东亚分布属(E. Asia)

14 东亚(东喜马拉雅—日本)(E. Asia（E. Himalaya -Japan））

14-2 中国—日本(Sino-Japan)

中国特有分布属(Endemic to China)

15 中国特有分布(Endemic to China)

种的分布区类型及变型(Areal-types and subtypes of plant species)

世界分布种(Cosmopolitan)

1 世界分布(Cosmopolitan)

热带分布种(Trop.)

5 热带亚洲—热带大洋洲分布(Trop. Asia to Trop. Australasia Oceania)

7 热带亚洲分布(Trop. Asia)

温带分布种(Temp.)

8 北温带分布(N. Temp .)

9 东亚和北美洲间断分布(E. Asia & N. Amer. Disjuncted)

10 旧大陆温带分布(Old World Temp.)

10-3 欧亚温带和大洋洲间断分布(Temp. Eurasia & Australasia disjuncted)

11 亚洲温带分布(Asia Temp.)

11-1 东北亚—华北分布(NE. Asia to N. China)

东亚分布种(E. Asia)

14 东亚分布(E. Asia)

14-2 中国—日本(或朝鲜)(Sino-Japan (or Korea))

中国特有分布种(Endemic to China)

15 中国分布(Endemic to China)

15-1 东北—华北(NE. to N. China)

15-2 东北—华东(NE. to E. China)

15-3 华北(N. China)

15-4 西北—华北—东北(NW. China - N. China- NE. China)

15-5 西南—西北—华北(SW. China - NW. China - N. China)

15-6 西南—江南—华北(SW. China - S. Yangtza -N. China)

15-8 华中—华北(C. to N. China)

一年生(Therophytes)

地下芽(Geophytes)

地面芽(Hemicryptophytes)

地上芽(Chamaephytes)

高位芽(Phanerophytes)

旱生(Xerophytes)

中旱生(Meso-xerophytes)

旱中生(Xero-mesophytes)

中生(Mesophytes)

湿中生(Mesohydrophyte)

湿生(Hygrophytes)

外来种入侵(Alien invasion)

演替(Succession)

优势度(Dominance)

限制因子(Limited factor)

原生性与复杂性(Original and Complexity)

人为性和简单性(Artificiality and Simplicity)

第 6 章

物种多样性(Species diversity)

中度干扰(Medium disturbance)

丰富度(Richness)

均匀度(Evenness)

附录Ⅲ　五台山主要寺庙一览表

显通寺（Xiantong temple）

菩萨顶（Pusading temple）

佛光寺（Foguang temple）

黛螺顶（Dailuoding temple）

殊像寺（Shuxiang temple）

广化寺（Guanghua temple）

南山寺（Nanshan temple）

塔院寺（Tayuan temple）

圆照寺（Yuanzhao temple）

普化寺（Puhua temple）

观音洞（Guanyindong temple）

广宗寺（Guangzong temple）

万佛阁（Wanfoge temple）

文殊寺（Wenshu temple）

镇海寺（Zhenhai temple）

古佛寺（Gufo temple）

清凉寺（Qingliang temple）

广济寺（Guangji temple）

南禅寺（Nanchan temple）

龙泉寺（Longquan temple）

白云寺（Baiyun temple）

宝华寺（Baohua temple）

罗睺寺（Luohou temple）

寿宁寺（Shouning temple）

三塔寺（Santa temple）

七佛寺（Qifo temple）

碧山寺（Bishan temple）

灵峰寺（Lingfeng temple）

普济寺（Puji temple）

岩山寺（Yanshan temple）

普寿寺（Pushou temple）

三泉寺（Sanquan temple）

善财洞（Shancaidong temple）

参考文献

白玫,赵鹏宇,宋强,2017.游客对于佛教景区的凝视——以五台山为例[J].忻州师范学院学报,33(6):21-25.

毕晋锋,2012.五台山文化旅游可持续发展的模型构建及评价研究[J].武汉大学学报(哲学社会科学版),65(1):138-144.

曹燕丽,崔海亭,刘鸿雁,等,2001.五台山高山带景观的遥感分析[J].地理学报,56(3):297-306.

曹杨,上官铁梁,张金屯,等,2005.山西五台山蓝花棘豆群落的数量分类和排序[J].植物资源与环境学报,14(3):1-6.

常亚楠,李悦铮,江海旭,2014.宗教旅游目的地游客满意度实证研究——以世界(文化景观)遗产五台山为例[J].云南地理环境研究,26(03):25-31.

陈安仁,1980.山西省草地资源的合理利用与改良[J].山西农业科学(12):24-25.

陈飙,杨桂华,2004.旅游者践踏对生态旅游景区土壤影响定量研究[J].地理科学,24(3):71-375.

陈娟,李春阳,2014.环境胁迫下雌雄异株植物的性别响应差异及竞争关系[J].应用与环境生物学报,20(4):743-750.

陈涛,陈守贵,2011.基于RS和GIS的神府矿区水土流失分级研究[J].西北林学院学报,26(6):164-168.

陈宜瑜,1995.中国湿地研究[M].长春:吉林科学技术出版社.

程占红,程锦红,张奥佳,2018.五台山景区游客低碳旅游认知及影响因素研究[J].旅游学刊,33(3):50-60.

程占红,牛莉芹,胡亚晴,等,2014.五台山风景区人为干扰下湿地植物物种的生态变化[J].湿地科学,12(1):89-96.

程占红,2015.生态旅游的生态效应及其管理研究[M].北京:中国财政经济出版社.

程占红,吴必虎,2006.五台山南台旅游活动对山地草甸的影响[J].干旱区资源与环境,20(5):125-127.

崔宁洁,刘洋,张健,等,2014.对马尾松人工林植物多样性的影响[J].应用与环境生物学报,20(1):8-14.

戴君虎,潘嫄,崔海亭,等,2005.五台山高山带植被对气候变化的响应[J].第四纪研究,25(2):216-223.

邓立斌,2011.南四湖湿地生态系统服务功能价值初步研究[J].西北林学院学报,26(3):214-219.

董宽虎,王印魁,张建强,1994.五台山山地草甸资源及其利用[J].中国草地(3):29-32.

段建宏,张瑞霞,2016.五台山现存文殊寺庙的时空分析[J].五台山研究(2):60-64.

段青倩,樊文华,吴艳军,等,2015.旅游踩踏对五台山北台山地草甸土酶活性的影响[J].土壤通报,46(6):1441-1446.

樊文华,张毓庄,郭新波,等,1995.五台山土壤环境背景值及其垂直分异规律[J].山西农业大学学报,15(2):142-146.

樊文华,张毓庄,万淑贞,等,1996.五台山草地自然保护区不同植物化学元素含量的研究[J].草地学报,4(1):55-62.

樊文华,王镔,白云生,等,1998a.五台山草地自然保护区植物中钴的含量及分布特征[J].草业学报,7(3):67-71.

樊文华,王镔,白云生,等,1998b.五台山草地自然保护区植物中钠元素的含量[J].中国草地(4):36-39.

樊文华,池宝亮,张毓庄,等,1999a.五台山草地自然保护区主要豆科植物的地理成分及饲用价值[J].草业科学,16(1):5-7.

樊文华,郭先龙,池宝亮,等,1999b.五台山草地自然保护区草地资源的开发利用[J].中国草地(2):13-16.

樊文华,王宏燕,李海金.1999c.五台山草地自然保护区植物中铅元素含量的初探[J].中国草地(4):41-44.

樊文华,池宝亮,张毓庄,等,1999d.五台山草地自然保护区土壤中钴的含量分布及影响因素[J].生态学报,19(1):108-112.

樊晓霞,2014.五台山自然旅游资源开发问题及对策[J].长春师范大学学报,33(4):108-110.

范永刚,胡玉昆,李凯辉,等,2008.不同干扰对高寒草原群落物种多样性和生物量的影响[J].干旱区研究,25(4):531-536.

方百寿,2001.论宗教旅游的生态化趋向[J].社会科学家,16(1):68-71.

方广玲,香宝,迟文峰,等,2018.西南山区旅游生态承载力研究[J].生态经济,34(2):179-185.

冯学钢,包浩生,1999.旅游活动对风景区地被植物——土壤环境影响的初步研究[J].自然资源学报,14(1):75-78.

付秀梅,姜琴,王东亚,等,2018.青岛海域海洋生物多样性现状与安全度评估研究[J].海洋环境科学,37(1):21-27.

高贤明,陈灵芝,1998.植物生活型分类系统的修订及中国暖温带森林植物生活型谱分析[J].植物学报,40(6):553-559.

高贤明,马克明,陈灵芝,等,2002.旅游对北京东灵山亚高山草甸物种多样性影响的初步研究[J].生物多样性,10(2):189-195.

高宇琦,2011.五台山景区电子票务及门禁系统的设计与实现[J].机械工程与自动化(6):135-138.

巩劼,陆林,晋秀龙,等,2009a.黄山风景区旅游干扰对植物群落草本层的影响[J].地理科学,29(4):607-612.

巩劼,陆林,晋秀龙,等,2009b.黄山风景区旅游干扰对植物群落及其土壤性质的影响[J].生态学报,29(5):2239-2251.

管东生,林卫强,陈玉娟,1999.旅游干扰对白云山土壤和植被的影响[J].环境科学(6):6-9.

郭娟,2010.旅游景区拥挤问题理论分析与解决方案研究——以五台山景区为例[J].山西农业大学学报(社会科学版),9(4):476-479.

郭正刚,刘慧霞,王根绪,等,2004.人类工程对青藏高原北部草地群落β多样性的影响[J].生态学报,24
　　(2):384-388.

韩瑛,白玫,冯文勇,等,2015.五台山国家地质公园旅游资源开发研究[J].长春师范大学学报,34(10):
　　88-93.

何佳瑛,矫丽会,2018.基于网络文本法的宗教旅游景区游客体验研究——以山西五台山景区为例[J].运城
　　学院学报,36(3):43-51.

侯慧明,2012.独具特色的五台山佛光寺唐代壁画[J].山西档案(1):35-39.

侯冲,2000.宗教生态旅游与21世纪人类文明[J].思想战线,26(5):90-92.

黄备,魏娜,孟伟杰,等,2016.基于压力—状态—响应模型的辽宁省长海海域海洋生物多样性评价[J].生物
　　多样性,24(1):48-54.

黄晓霞,江源,刘全儒,等,2009.五台山高山、亚高山草甸植物种分布的环境梯度分析和种组划分[J].草业
　　科学,26(11):12-18.

贾士义,冯文勇,褚秀彩,2015.旅游目的地旅游网站建设研究——以五台山旅游网站为例[J].山西师范大
　　学学报(自然科学版),29(4):109-113.

贾铁飞,梅劲援,黄昊,2013.大型节事旅游活动对植被环境影响研究——以上海桃花节、森林狂欢节为例
　　[J].旅游科学,27(6):64-72.

金巍,李玉轩,2018.五台山寺庙空间分布特征及影响因素分析[J].太原师范学院学报(自然科学版),17
　　(1):85-89.

晋秀龙,陆林,巩劼,等,2011a.旅游活动对九华山风景区大型土壤动物群落影响[J].地理研究,30(1):
　　103-114.

晋秀龙,陆林,郝朝运,等,2011b.旅游活动对九华山风景区游道附近植物群落的影响[J].林业科学,47(2):
　　1-8.

景天星,2015.五台山佛教文化的地理学透视[J].西华师范大学学报(哲学社会科学版)(4):21-25.

李斌,张金屯,1998.山西五台山野生植物资源初步研究[J].山西大学学报(自然科学版),21(1):90-96.

李秉婧,2010.五台山壁画艺术在美术教育中的意义[J].黄河之声(4):124-125.

李秉婧,2017.五台山佛光寺明代罗汉图的造像分析[J].五台山研究(4):53-56.

李博,2003.生态学[M].北京:高等教育出版.

李宏如,2012.五台山石佛寺出土的古代经卷简析[J].五台山研究(1):56-57.

李丽琴,2014.五台山森林生态旅游发展前景探讨[J].山西林业(3):18-19.

李瑞芳,郑国璋,2013.五台山低碳旅游发展模式研究[J].山西师范大学学报(自然科学版),27(4):
　　117-122.

李思远,2017.五台山景区公共设施设计研究[J].工业设计,(8):86-87.

李婷,辛虹,2015.基于网络视角的五台山旅游形象传播模式研究[J].太原师范学院学报(自然科学版),14(3):63-69.

李文杰,乌铁红,2012.旅游干扰对草原旅游点植被的影响——以内蒙古希拉穆仁草原金马鞍旅游点为例[J].资源科学,34(10):1980-1987.

李喜民,2010.五台山风景区核心景区专项保护规划研究——以五台山风景名胜区灵峰圣境核心景区为例[J].城市规划,34(9):78-87.

李秀英,2005.浅谈五台山野菜资源的开发与利用[J].忻州师范学院学报,21(3):24-26.

李玉福,2015.论五台山寺庙壁画的审美承载[J].名作欣赏(2):62-63.

李贞,保继刚,覃朝锋,1998.旅游开发对丹霞山植被的影响[J].地理学报,53(6):554-561.

林业部野生动物和森林植物保护司,1994.湿地保护与合理利用指南[M].北京:中国林业出版社.

林有润,1997.中国菊科植物的系统分类与区系的初步研究[J].植物研究,17(1):6-27.

刘鸿雁,曹艳丽,田军,等,2003.山西五台山高山林线的植被景观[J].植物生态学报,27(2):263-269.

刘鸿雁,张金海,1997.旅游干扰对香山黄栌林的影响研究.植物生态学报,21(2):191-196.

刘丽芳,田婉婷,赵鹏宇,2018.五台山风景区游客拥挤感知影响因素分析[J].忻州师范学院学报,34(6):46-49.

刘世栋,高峻,2012.旅游开发对上海滨海湿地植被的影响[J].生态学报,32(10):2992-3000.

刘天慰,曾昭玢,沙沁芩,等,1984.山西省五台山动植物资源调查报告[J].生物研究通报(8):1-54.

刘秀丽,张勃,任媛,等,2015.五台山地区草地生态系统服务价值估算[J].干旱区资源与环境,29(5):24-29.

刘艳红,赵惠勋,2000.干扰与物种多样性维持理论研究进展[J].北京林业大学学报,22(4):101-105.

芦晓峰,苏芳莉,周林飞,等,2011.芦苇湿地生态功能及恢复研究[J].西北林学院学报,26(4):53-58.

鲁庆彬,游卫云,赵昌杰,等,2011.旅游干扰对青山湖风景区植物多样性的影响[J].应用生态学报,22(2):295-302.

陆林,巩劼,晋秀龙,2011.旅游干扰对黄山风景区土壤的影响[J].地理研究,30(2):209-223.

罗正明,吴攀升,2015.五台山佛教素食文化旅游开发研究[J].五台山研究(4):60-63.

骆世明,2010.农业生态学(第二版)[M].北京:中国农业出版社.

吕秀枝,上官铁梁,2010.五台山冰缘地貌植物群落的数量分类与排序[J].地理研究,29(5):917-926.

毛芬芳,1993.山西省野生植物资源的利用与保护对策[J].山西师范大学学报(自然科学版)(2):51-56.

《内蒙古植物志》编辑委员会,1998.内蒙古植物志(第一卷至第五卷)[M].呼和浩特:内蒙古人民出版社.

倪晋仁,殷康前,赵智杰,1998.湿地综合分类研究[J].自然资源学报,13(3):214-220.

聂二保,上官铁梁,张金屯,等,2006.山西五台山蓝花棘豆群落的多样性研究[J].草业科学,23(4):3-7.

牛莉芹,程占红,高伟杰,2013a.五台山景区湿地物种多样性对旅游干扰的生态响应[J].安全与环境学报,13(6):158-161.

牛莉芹,程占红,季洪伟,2013b.五台山景区湿地植被的数量分类和排序[J].西北林学院学报,28(4):
　　16-20.

牛莉芹,程占红,张峰,2010.五台山草甸多样性分析[J].干旱区研究,27(4):573-577.

牛莉芹,程占红,赵蒙,2012.旅游干扰下五台山不同植被景观区物种多样性特征[J].应用与环境生物学报,
　　18(4):559-564.

牛莉芹,程占红,2012a.五台山风景名胜区旅游开发影响下景观特征的变化[J].西北林学院学报,27(5):
　　272-276.

牛莉芹,程占红,2012b.五台山森林群落中物种多样性对旅游干扰的生态响应[J].水土保持研究,19(4):
　　106-111.

牛莉芹,程占红,2011.五台山旅游活动对山地草甸β多样性的影响[J].干旱区研究,28(5):826-831.

牛莉芹,程占红,2018.五台山旅游开发与植被景观相互影响的生态效应评价[J].生态学报,38(10):
　　3639-3652.

牛莉芹,2019.人类干扰对五台山森林群落结构的影响[J].应用与环境生物学报,25(2):300-312.

邱扬,张金屯,1999.关帝山八水沟天然植物群落时空梯度的数量分析[J].应用与环境生物学报,5(2):
　　113-120.

屈洪海,2011.五台山台内、台外佛教音乐传承探析——以民国时期的两部佛乐曲谱为例[J].中国音乐(2):
　　137-140.

屈佳,常庆瑞,王耀宗,2011.农牧交错带土地荒漠化动态景观格局分析——以靖边县杨桥畔镇为例[J].西
　　北林学院学报,26(1):166-170.

茹文明,张峰,2000.山西五台山种子植物区系分析[J].植物研究,20(1):36-47.

《山西植物志》编辑委员会,1992.山西植物志(第一卷至第五卷)[M].北京:中国科学技术出版社.

上官铁梁,2003.五台山生物多样性保护与世界自然遗产地建设.资料.

沈翠梅,2016.五台山佛教的发展概述[J].忻州师范学院学报,32(3):95-99.

石强,廖科,钟林生,2006.旅游活动对植被的影响研究综述[J].浙江林学院学报,23(2):217-223.

石强,钟林生,汪晓菲,2004.旅游活动对张家界国家森林公园植物的影响[J].植物生态学报,28(1):
　　107-113.

史坤博,王文瑞,杨永春,等,2016.基于熵权法的草原旅游点植被退化评价[J].干旱区研究,33(4):
　　851-859.

史坤博,王文瑞,杨永春,等,2015.旅游活动对甘南草原植被的影响——以桑科草原旅游点为例[J].干旱区
　　研究,32(6):1220-1228.

宋先先,王得祥,赵鹏祥,等,2011.天华山自然保护区景观格局现状及分析[J].西北林学院学报,26(4):
　　75-79.

孙儒泳,2002.基础生态学[M].北京:高等教育出版社.

唐高溶,郑伟,王祥,等,2016.旅游对喀纳斯景区植被和土壤碳、氮、磷化学计量特征的影响[J].草业科学,33(8):1476-1485.

唐明艳,杨永兴,2014.旅游干扰下滇西北高原湖滨湿地植被及土壤变化特征[J].应用生态学报,25(5):1283-1292.

王丹丹,郑庆荣,侯艳军,等,2017.五台山文化景观遗产的特点与保护对策[J].忻州师范学院学报,33(4):20-23.

王芳,2016.五台山藏传佛教六月法会仪式音乐民族志研究[J].黄河之声(23):128-130.

王荷生,1997.华北植物区系地理[M].北京:科学出版社.

王荷生,1992.植物区系地理[M].北京:科学出版社.

王璐,张永清,冀晴,等,2017.五台山风景区交通现状及对策研究[J].山西师范大学学报(自然科学版),31(2):121-124.

王新宇,刘亚楠,2017.五台山佛教与武当山道教建筑群总体布局比较研究[J].住宅与房地产(27):224-245.

王宇,段永红,白杰,2018.五台山风景区植被覆盖度近25a来的时空变化分析[J].山西农业科学,46(5):805-809.

王赞赞,冯文勇,张晋华,等,2018a.五台山风景区游客目的地选择影响因素分析[J].干旱区资源与环境,32(3):198-202.

王赞赞,冯文勇,任瑞萍,等,2018b.不同客源市场游客行为特征差异研究——以五台山风景区游客为例[J].干旱区资源与环境,32(2):201-208.

王振杰,赵建成,2010.河北山地高等植物区系与珍稀濒危植物资源[M].北京:科学出版社.

王志伟,纪燕玲,陈永敢,2010.禾本科植物内生真菌资源及其物种多样性[J].生态学报,30(17):4771-4781.

王志伟,纪燕玲,陈永敢,2015.植物内生菌研究及其科学意义[J].微生物学通报,42(2):349-363.

吴征镒,王荷生,1983.中国自然地理—植物地理(上册)[M].北京:科学出版社.

吴征镒,1993."中国种子植物区系属分布区类型"的增订和勘误[J].云南植物研究,15(增刊):141-178.

吴征镒,1980.中国植被[M].北京:科学出版社.

吴征镒,1991.中国种子植物区系属的分布区类型[J].云南植物研究,13(增刊):1-139.

武国柱,席建超,刘浩龙,等,2008.六盘山自然保护区不同类型植被对人类旅游干扰的响应[J].资源科学,30(8):1169-1175.

武晶,刘志民,2014.生境破碎化对生物多样性的影响研究综述[J].生态学杂志,33(7):1946-1952.

肖洋,张路,张丽云,等,2018.渤海沿岸湿地生物多样性变化特征[J].生态学报,38(3):909-916.

萧羽,1998.五台山历代修建的寺庙及其建筑特点[J].五台山研究(4):30-37.

谢玉英,2007.豆科植物在发展生态农业中的作用[J].安徽农学通报,13(7):150-151.

邢洁,2017.近十五年来五台山佛教音乐综述[J].艺术科技(11):189.

熊鹰,2013.生态旅游承载力研究进展及其展望[J].经济地理,33(5):174-181.

徐传法,王琪,2018.五台山铭石书法考析[J].中国书法(12):117-123.

徐炜,马志远,井新,等,2016.生物多样性与生态系统多功能性:进展与展望[J].生物多样性,24(1):55-71.

薛达元,武建勇,赵富伟,2012.中国履行《生物多样性公约》二十年:行动、进展与展望[J].生物多样性,20
　　(5):623-632.

闫美芳,上官铁梁,张金屯,等,2006.五台山蓝花棘豆群落优势种群生态位研究[J].草业学报,15(2):
　　60-67.

闫晓丽,包维楷,朱珠,2009.旅游干扰对九寨沟原始森林岷江冷杉树干附生苔藓植物组成和结构的影响
　　[J].应用与环境生物学报,15(4):469-473.

杨蝉玉,吴向潘,2013.佛教文化旅游资源对五台山旅游的影响[J].长春师范学院学报,32(12):96-99.

杨朝飞,1995.中国湿地现状及其保护对策[J].中国环境科学,15(6):407-412.

杨桂华,2004.生态旅游景区开发[M].北京:科学出版社.

杨红玉,张长顺,1998.踩踏对植被影响研究[J].云南教育学院学报,14(5):50-55.

杨杰峰,杜丹,田思思,等,2017.湖北省典型湖泊湿地生物多样性评价研究[J].水生态学杂志,38(3):
　　15-22.

杨汝荣,1986.山西省草原概况和畜牧业发展方向[J].中国草原(6):67-71.

杨永清,张学江,2010.不同生态型喜旱莲子草对干旱的生理生态反应[J].湖北农业科学,49(8):1890-
　　1893.

姚彦臣,1992.山西省的草地类型[J].中国草地(1):16-22.

殷康前,倪晋仁,1998.湿地综合分类研究:Ⅱ.模型[J].自然资源学报,13(4):312-319.

余昀,2018.五台山寺庙建筑的空间组织及佛教文化意义[J].忻州师范学院学报,34(2):31-37.

袁云霞,2017.五台山佛教音乐现状分析[J].北方音乐(19):1.

岳建英,刘天慰,赵邑,等,1999.五台山野生花卉资源及其利用的探讨[J].河南科学,17(专辑):128-130.

臧振华,申国珍,徐文婷,等,2015.大熊猫分布区珍稀濒危物种丰富度空间格局与热点区分析[J].北京林业
　　大学学报,37(7):1-10.

张碧星,周晓丽,2018.佛教旅游地网络关注度时空分布差异及其影响因素研究——以五台山景区为例[J].
　　西北师范大学学报(自然科学版),54(6):103-109.

张峰,上官铁梁,1999.山西湿地资源及可持续利用研究[J].地理研究,18(4):420-427.

张桂萍,张峰,茹文明,2005.旅游干扰对历山亚高山草甸优势种群种间相关性的影响[J].生态学报,25
　　(11):2868-2874.

张宏达,1997.植物的特有现象与生物多样性[J].生态科学,16(2):9-17.

张建彪,闫美芳,上官铁梁,2006.五台山亚高山草甸的β多样性研究[J].西北植物学报,26(2):389-392.

张建忠,孙根年,2012.基于文化意象视角的宗教遗产地旅游文化内涵挖掘——以五台山为例[J].人文地理,27(5):148-152.

张金屯,米湘成,张峰,等,1998.五台山亚高山草甸小格局分析[J].应用与环境生物学报,4(1):20-23.

张金屯,米湘成,郑凤英,等,1997.五台山亚高山草甸群落生态关系分析[J].草地学报,5(3):181-186.

张金屯,米湘成,1999.山西五台山亚高山草甸优势种群和群落的格局研究[J].河南科学,17(增刊):65-67.

张金屯,邱扬,郑凤英,2000.景观格局的数量研究方法[J].山地学报,18(4):346-352.

张金屯,1989.山西省五台山嵩草(Kobresia)草甸的初步研究[J].山西大学学报(自然科学版),12(3):353-360.

张金屯,2004.数量生态学[M].北京:科学出版社.

张金屯,1987.五台山草场植被的模糊数学评价[J].山西大学学报(自然科学版),8(1):73-79.

张金屯,1986.五台山植被类型及分布[J].山西大学学报(自然科学版),9(2):87-91.

张金屯,2003.应用生态学[M].北京:科学出版社.

张奎文,杨天义,2000.五台山地区野生果树种质资源的初步研究[J].落叶果树(2):24-27.

张书彬,2015.神圣空间的建构与复制——以中古时期"文殊—五台山"在东亚的传播为中心[J].美学学报,(6):3-32.

张涛,李惠敏,韦东,等,2002.城市化过程中余杭市森林景观空间格局的研究[J].复旦学报(自然科学版),41(1):83-88.

张雅梅,郭芳,2011.河南伏牛山宝天曼自然保护区植被景观生态承载力分析[J].西北林学院学报,26(5):224-228.

章锦河,张捷,王群,2008.旅游地生态安全测度分析——以九寨沟自然保护区为例[J].地理研究,27(2):449-458.

章异平,江源,刘全儒,等,2008.放牧压力下五台山高山、亚高山草甸的退化特征[J].资源科学,30(10):1555-1563.

赵改萍,2017.论五台山文殊信仰的内涵[J].忻州师范学院学报,33(4):5-10.

赵海涛,2017.文殊信仰在当代的传承管窥[J].忻州师范学院学报,33(4):16-19.

赵鹏宇,崔嫱,常咪,2016a.五台山景区关键词网络关注度与空间分布特征[J].中南林业科技大学学报(社会科学版),10(05):8-84.

赵鹏宇,冯文勇,张慧,等,2015.世界文化景观遗产型旅游目的地形象感知研究——以五台山为例[J].中南林业科技大学学报(社会科学版),9(4):44-49.

赵鹏宇,黄博,2015.基于游客网络文本的五台山需求信息研究[J].太原师范学院学报(自然科学版),14(2):53-58.

赵鹏宇,崔嫱,沙立楠,2016b.五台山景区网络关注度时间变化特征[J].旅游研究,8(6):38-44.

赵燕波,张丹桔,张健,等,2016.不同郁闭度马尾松人工林林下植物多样性[J].应用与环境生物学报,22

　　(6):1048-1054.

郑伟,朱进忠,潘存德,2008.旅游干扰对喀纳斯景区草地植物多样性的影响[J].草地学报,16(6):624-629.

中国 21 世纪议程管理中心,1994.中国 21 世纪议程——中国 21 世纪人口、环境及发展白皮书[M].北京:
　　中国环境科学出版社.

《中国植物志》编委会,2004.中国植物志电子版[EB/OL].http://frps.eflora.cn/.

中华人民共和国建设部,2006.五台山:世界自然文化遗产申报文本[R].

钟林生,陈田,2013.生态旅游发展与管理[M].北京:中国社会出版社.

钟林生,马向远,曾瑜皙,2016.中国生态旅游研究进展与展望[J].地理科学进展,35(6):679-690.

钟永德,王怀采,黄家兰,2007.游憩活动对活地被物层植物生物量和群落结构的影响[J].浙江林学院学报,
　　24(5):593-598.

钟云燕,2015."世间瑰宝"五台山南禅寺建筑艺术巡礼[J].兰台世界(5):108-109.

周世良,徐超,董文攀,等,2015.DNA 条形码技术在珍稀濒危物种保护中的应用[J].生物多样性,23(3):
　　288-290.

周择福,王延平,张光灿,2005.五台山林区典型人工林群落物种多样性研究[J].西北植物学报,25(2):
　　321-327.

周祝英,2018.五台山石狮雕刻艺术初探[J].文物世界,146(3):31-36.

周祝英,2017.五台山文殊菩萨彩塑艺术特色[J].五台山研究(3):45-48.

朱献荣,2005.五台山区的混交林发展模式[J].山西林业科技(1):42-43.

朱珠,包维楷,庞学勇,等,2006.旅游干扰对九寨沟冷杉林下植物种类组成及多样性的影响[J].生物多样
　　性,14(4):284-291.

Andreas H,2008. Introduced plants on Kilimanjaro:tourism and its impact[J]. Plant Ecology,197(1):17-29.

Araujo G,Vivier F,Labaja J J,et al,2017. Assessing the impacts of tourism on the world's largest fish Rhinc-
　　odon typus at Panaon Island,Southern Leyte,Philippines[J]. Aquatic Conservation:Marine & Freshwa-
　　ter Ecosystems,27(5):986-994.

Attua E M,Awanyo L,Antwi E K,2017. Effects of anthropogenic disturbance on tree population structure
　　and diversity of a rain forest biosphere reserve in Ghana,West Africa[J]. African Journal of Ecology,56
　　(1):116-127.

Ballantyne M,Pickering C,2013. Tourism and recreation:a common threat to IUCN red-listed vascular plants
　　in Europe[J]. Biodiversity and Conservation,22:3027-3044.

Ballantyne M,Pickering C M,McDougall K L,et al,2014. Sustained impacts of a hiking trail on changing
　　windswept feldmark vegetation in the Australian Alps[J]. Australian Journal of Botany,62(4):263-275.

Ballantyne M,Pickering C M,2012. Ecotourism as a threatening process for wild orchids[J]. Journal of Eco-
　　tourism,11(1):34-47.

Ballantyne M, Pickering C M, 2015. The impacts of trail infrastructure on vegetation and soils: Current literature and future directions[J]. Journal of Environmental Management, 164(2): 53-64.

Bar P, 2017. Visitor trampling impacts on soil and vegetation: the case study of Ramat Hanadiv Park, Israel [J]. Israel Journal of Plant Sciences, 64: 145-161.

Barnosky A D, Matzke N, Tomiya S, et al, 2011. Has the earth's sixth mass extinction already arrived[J]? Nature, 471: 51-57.

Barros A, Pickering C M, 2014. Non-native plant invasion in relation to tourism use of Aconcagua Park, Argentina, the highest protected area in the Southern Hemisphere[J]. Mountain Research and Development, 34(1): 13-26.

Bellard C, Bertelsmeier C, Leadley P, et al, 2012. Impacts of climate change on the future of biodiversity[J]. Ecology Letters, 15: 365-377.

Brohman J, 1996. New directions in tourism for third world development[J]. Annals of Tourism Research, 23 (1): 48-70.

Brooks T M, Mittermeier R A, da Fonseca G A B, et al, 2006. Global Biodiversity Conservation Priorities[J]. Science, 313: 58-61.

Buckley R C, Pickering C M, Warnken J, 2000. Environmental management for Alpine tourism and resorts in Australia. In: Godde PM, Price MF, Zimmermann FM. (Eds.), Tourism and development in Mountain Regions[M]. Wallingford, CAB International Publishing, 27-45.

Campbell A J, Carvalheiro L G, Maués M M, et al, 2018. Anthropogenic disturbance of tropical forests threatens pollination services to açaí palm in the Amazon river delta[J]. Journal of Applied Ecology, 55(4): 1725-1736.

Canteiro M, Córdova-Tapia F, Brazeiro A, 2018. Tourism impact assessment: A tool to evaluate the environmental impacts of touristic activities in Natural Protected Areas[J]. Tourism Management Perspectives, 28: 220-227.

Castillo J M, Leira-Doce P, Carrión-Tacuri J, et al, 2007. Contrasting strategies to cope with drought by invasive and endemic species of Lantana, in Galapagos[J]. Biodiversity and Conservation, 16(7): 2123-2136.

Cheng Z H, Zhang J T, Wu B H, et al, 2005. Relationship between tourism development and vegetated landscapes in Luya Mountain nature reserve, Shanxi, China[J]. Environmental Management, 36(3): 374-381.

Cole D N, Spildie D R, 1998. Hiker, horse and llama trampling effects on native vegetation in Montana, USA [J]. Journal of Environmental Management, 53(1): 61-71.

Cole D N, 1978. Estimating the susceptibility of wild land vegetation to trailside alteration[J]. Journal of Applied Ecology, 15(2): 281-286.

Cole D N,2004. Impacts of hiking and camping on soils and vegetation:a review. In:R Buckley. (Eds.),Environmental impacts of ecotourism[M]. New York,CABI Publishing,41-60.

Connell J H,1978. Diversity in tropical rain forests and coral reefs[J]. Science,199 (4335):1302-1310.

Czortek P,Delimat A,Dyderski M K,et al,2018. Climate change,tourism and historical grazing influence the distribution of Carex lachenalii Schkuhr-A rare arctic-alpine species in the Tatra Mts[J]. Science of The Total Environment,618:1628-1637.

Davenport J,Switalski T A, 2006. Environmental impacts of transport,related to tourism and leisure activities. In:Davenport J,Davenport JL. (Eds.),The Ecology of Transportation:Managing Mobility for the Environment[M]. Netherlands, Springer, 31-36.

Davidson N C,2014. How much wetland has the world lost? Long-term and recent trends in global wetland area[J]. Marine and Freshwater Research,65:934-941.

de Bie K, Vesk P A, 2014. Ecological indicators for assessing management effectiveness:A case study of horse riding in an Alpine National Park[J]. Ecological Management and Restoration,15(3):215-221.

Dobay G,Dobay B,S-Falusi E,et al,2017. Effects of sport tourism on temperate grassland communities (duna-ipoly national park,Hungary)[J]. Applied Ecology and Environmental Research,15(1):457-472.

Dumitrașcu M,Preda E,îbîrnac M,et al,2017. Trampling effects on vegetation composition in Romanian LT-SER sites[J]. Environmental Engineering and Management Journal,16(11):2451-2459.

Gairola S,Rawal R S,Todaria N P,2015. Effect of anthropogenic disturbance on vegetation characteristics of sub-alpine forests in and around Valley of Flowers National Park,a world heritage site of India[J]. Tropical Ecology,56(3):357-365.

Green D M,1998. Recreational impacts on erosion and runoff in a central Arizona riparian area[J]. Journal of Soil and Water Conservation,53(1):38-42.

Grime J P,Hodgson J G,Hunt R,1988. Comparative plant ecology:a functional approach to common British species[M]. Netherlands:Springer.

Grime J P,1973. Competitive exclusion in herbaceous vegetation[J]. Nature,242(5396):344-347.

Grime J P,1977. Evidence for the existence of three primary strategies in plants and its relevance to ecological and evolutionary theory[J]. The American Naturalist,111(982):1169-1194.

Grime J P,1974. Vegetation classification by reference to strategies[J]. Nature,250(5461):26-31.

Hoffmann M,Hilton-Taylor C,Angulo A,et al,2010. The impact and shortfall of conservation on the status of the world's vertebrates[J]. Science,330:1503-1509.

Hooper D U,Adair E C,Cardinale B J,et al,2012. A global synthesis reveals biodiversity loss as a major driver of ecosystem change[J]. Nature,486:105-109.

Hoveland C S,1993. Importance and economic significance of the Acremonium endophytes to performance of animals and grass plant[J]. Agriculture Ecosystems and Environment,44(1-4):3-12.

Huiskes A H L,Gremmen N J M,Bergstrom D M,et al,2014. Aliens in Antarctica:Assessing transfer of plant propagules by human visitors to reduce invasion risk[J]. Biological Conservation,171(1):278-284.

Kelly C L,Pickering C M,Buckley R C,2003. Impacts of tourism on threatened plant taxa and communities in Australia[J]. Ecological Management & Restoration,4(1):37-44.

Lehosmaa K,Jyväsjärvi J,Virtanen R,et al,2017. Anthropogenic habitat disturbance induces a major biodiversity change in habitat specialist bryophytes of boreal springs[J]. Biological Conservation, 215: 169-178.

Lenzen M,Moran D,Kanemoto K,et al,2012. International trade drives biodiversity threats in developing nations[J]. Nature,486:109-112.

Leung Y,Marion J L,2000. Recreation impacts and management in wilderness:a state-of knowledge review. In:Cole DN,McCool S,Borrie WT,et al(Eds.),Wilderness science in a time of change conference:Wilderness Ecosystems,Threats,and Management[M]. Ogden,UT:U. S. Department of Agriculture,Forest Service,Rocky Mountain Research Station,23-48.

Li W,Ge X,Liu C,2005. Hiking trails and tourism impact assessment in protected area:Jiuzhaigou Biosphere Reserve,China[J]. Environmental Monitoring & Assessment,108:279-293.

Liu J G,Ouyang Z Y,Pimm S L,et al,2003. Protecting China's biodiversity[J]. Science,300:1240-1241.

Machado P M,Suciu M C,Costa L L,et al,2017. Tourism impacts on benthic communities of sandy beaches [J]. Marine Ecology,38(4):1-11.

Malik M A S,Shah S A,Zaman K,2016. Tourism in Austria:biodiversity,environmental sustainability,and growth issues[J]. Environmental Science & Pollution Research,23(23):24178-24194.

Marcella T K,Gende S M,Roby D D,et al,2017. Disturbance of a rare seabird by ship-based tourism in a marine protected area[J]. Plos One,12(5):1-23.

Marion J L,Leung Y F,2001. Trail resource impacts and an examination of alternative assessment techniques [J]. Journal of Park and Recreation Administration,19:17-37.

Mason S,Newsome D,Moore S,et al,2015. Recreational trampling negatively impacts vegetation structure of an Australian biodiversity hotspot[J]. Biodiversity & Conservation,24(11):2685-2707.

Mayor S J,Cahill Jr J F,He F,et al,2012. Regional boreal biodiversity peaks at intermediate human disturbance[J]. Nature Communications,3(4):1-6.

Moore S A,Polley A,2007. Defining indicators and standards for tourism impacts in protected areas:Cape Range National Park,Australia[J]. Environmental Management,39:291-300.

Niu L,Cheng Z,2019. Impast of tourism disturbance on forest vegetation in Wutai Mountain, China[J]. Environmental Monitoring and Assessment, 191(2):1-11.

Palacio R G, Bisigato A J, Bouza P J, 2014. Soil erosion in three grazed plant communities in northeastern Patagonia[J]. Land Degrad & Development, 25(6):594-603.

Pickering C M, Hill W, Newsome D, et al, 2010. Comparing hiking, mountain biking and horse riding impacts on vegetation and soils in Australia and the United States of America[J]. Journal of Environmental Management, 91(3):551-562.

Pickering C M, Hill W, 2007. Impacts of recreation and tourism on plant biodiversity and vegetation in protected areas in Australia[J]. Journal of Environmental Management, 85(4):791-800.

Pickering C M, Rossi S, Barros A, 2011. Assessing the impacts of mountain biking and hiking on subalpine grassland in Australia using an experimental protocol[J]. Journal of Environmental Management, 92 (12):3049-3057.

Queiroz R E, Ventura M A, Silva L, 2014. Plant diversity in hiking trails crossing Natura 2000 areas in the Azores:implications for tourism and nature conservation [J]. Biodiversity & Conservation, 23 (6): 1347-1365.

Rai S C, Sundriyal R C, 1997. Tourism and biodiversity conservation:The Sikkim Himalaya[J]. Ambio, 26 (4):235-242.

Rankin B L, Ballantyne M, Pickering C M, 2015. Tourism and recreation listed as a threat for a wide diversity of vascular plants:A continental scale review[J]. Journal of Environmental Management, 154:293-298.

Ricaurte L F, Olaya-Rodríguez M H, Cepeda-Valencia J, et al, 2017. Future impacts of drivers of change on wetland ecosystem services in Colombia[J]. Global Environmental Change, 44:158-169.

Rodway-dyer S, Ellis N, 2018. Combining remote sensing and on-site monitoring methods to investigate footpath erosion within a popular recreational heathland environment[J]. Journal of Environmental Management, 215:68-78.

Roux-Fouillet P, Wipf S, Rixen C, 2011. Long-term impacts of ski piste management on alpine vegetation and soils[J]. Journal of Applied Ecology, 48(4):906-915.

Scherrer P, Pickering C M, 2001. Effects of grazing, tourism and climate change on the alpine vegetation of Kosciuszko National Park[J]. Victorian Naturalist, 118 (3):93-99.

Sfair J C, de Bello F, de França T Q, et al, 2018. Chronic human disturbance affects plant trait distribution in a seasonally dry tropical forest[J]. Environmental Research Letters, 13(2):1-12.

Shi Q, Li C G, Deng J Y, 2002. Assessment of impacts of visitors' activities on vegetation in Zhangjiajie national forest park[J]. Journal of Forestry Research, 13(2):137-140.

Sikorski P, Szumacher I, Sikorska D, et al, 2013. Effects of visitor pressure on understory vegetation in Warsaw forested parks (Poland)[J]. Environmental monitoring and assessment, 185(7):5823-5836.

Stevens S, 2003. Tourism and deforestation in the Mt Everest region of Nepal[J]. The Geographical Journal,

169(3):255-277.

Sun D,Walsh D,1998. Review of studies on environmental impacts of recreation and tourism in Australia[J]. Journal of Environmental Management,53(4):323-338.

Sundriyal S,Shridhar V,Madhwal S,et al,2018. Impacts of tourism development on the physical environment of Mussoorie,a hill station in the lower Himalayan range of India[J]. Journal of Mountain Science,15 (10):2276-2291.

Tarhouni M,Hmida W B,Neffati M,2017. Long-term changes in plant life forms as a consequence of grazing exclusion under arid climatic conditions[J]. Land Degradation and Development,28(4):1199-1211.

Theunissen J D,1997. Selection of suitable ecotypes within digitaria eriantha for reclamation and restoration of disturbed areas in southern Africa[J]. Journal of Arid Environments,35(3):429-439.

Toews M,Juanes F,Burton A C,2018. Mammal responses to the human footprint vary across species and stressors[J]. Journal of Environmental Management,217:690-699.

Törn A,Tolvanen A,Norokorpi Y,et al,2009. Comparing the impacts of hiking, skiing and horse riding on trail and vegetation in different types of forest[J]. Journal of Environmental Management, 90 (3): 1427-1434.

Tzatzanis M,Wrbka T,Sauberer N,2003. Landscape and vegetation responses to human impact in sandy coasts of Western Crete,Greece[J]. Journal for Nature Conservation,11 (3):187-195.

Wang L ,Pan Y ,Cao Y ,et al,2018. Detecting early signs of environmental degradation in protected areas: An example of Jiuzhaigou Nature Reserve,China[J]. Ecological Indicators,91:287-298.

Wilson S P,Verlis K M,2017. The ugly face of tourism:marine debris pollution linked to visitation in the southern great barrier reef,Australia[J]. Marine Pollution Bulletin,117:239-246.

Wolf I D,Hagenloh G,Croft D B,2013. Vegetation moderates impacts of tourism usage on bird communities along roads and hiking trails[J]. Journal of Environmental Management,129(18):224-234.

Wraith J,Pickering C,2017. Quantifying anthropogenic threats to orchids using the IUCN Red List[J]. Ambio,47(3):307-317.

Wu J,Hou Y,Wen Y,2018. Tourist behavior and conservation awareness on eating wild edible plants in mountainous protected areas:a case study in Northwest China[J]. Journal of Sustainable Forestry,37 (5):489-503.

Zhang J T,Xiang C L,Min L,2012. Effects of Tourism and Topography on Vegetation Diversity in the Subalpine Meadows of the Dongling Mountains of Beijing,China[J]. Environmental Management,49(2): 403-411.

Zhang J T,Xu B,Li M,2013. Vegetation patterns and species diversity along elevational and disturbance gradients in the Baihua Mountain Reserve,Beijing,China[J]. Mountain Research and Development,33(2):

170-178.

Zhao J J,Zhang C,Deng L Y,et al,2015. Impact of human activities on plant species composition and vegetation coverage in the wetlands of Napahai, Shangri-La County, Yunnan Province, China[J]. International Journal of Sustainable Development & World Ecology,22(2):127-134.

Zhu Z,Woodcock C E,Olofsson P,2012. Continuous monitoring of forest disturbance using all available Landsat imagery[J]. Remote Sensing of Environment,122:75-91.